淘汰消耗臭氧层物质管理与应用

魏恩棋 邓保乐 李文君 主编

Management and Application of
Ozone Depleting Substances Elimination

U0388139

化学工业出版社

·北京·

内容简介

《淘汰消耗臭氧层物质管理与应用》介绍了臭氧层、消耗臭氧层物质（ODS）相关的基础知识和概念，然后从环境管理角度梳理淘汰消耗臭氧层物质的国际公约及修订进程、国内管理制度建立和执行情况，重点讲述了含氢氯氟烃（HCFCs）在制冷剂、发泡剂和清洗剂行业中涉及的工艺环节、主要替代技术、减排防漏技术等内容，并针对HCFCs的循环利用环节，分析总结了HCFCs回收技术、再利用技术，最后对管控氢氟碳化物（HFCs）提出管理建议与应用展望。

本书可供ODS、臭氧层保护、环境保护与管理等相关专业领域的科研、管理人员参考，也可供环境工程、环境保护与管理等高等院校相关专业师生阅读。

图书在版编目(CIP)数据

淘汰消耗臭氧层物质管理与应用 / 魏恩棋，邓保乐，李文君主编 . —北京：化学工业出版社，2023.8
ISBN 978-7-122-43393-0

Ⅰ.① 淘… Ⅱ.① 魏… ②邓… ③李… Ⅲ.① 臭氧层-环境管理-研究 Ⅳ.① X32

中国国家版本馆CIP数据核字（2023）第075038号

责任编辑：冉海滢　刘　军　　　　　　　　　文字编辑：丁海蓉
责任校对：王鹏飞　　　　　　　　　　　　　装帧设计：张　辉

出版发行：化学工业出版社（北京市东城区青年湖南街13号　邮政编码100011）
印　　装：北京虎彩文化传播有限公司
710mm×1000mm　1/16　印张8½　字数111千字　2023年7月北京第1版第1次印刷

购书咨询：010-64518888　　　　　　　　　售后服务：010-64518899
网　　址：http://www.cip.com.cn
凡购买本书，如有缺损质量问题，本社销售中心负责调换。

定　　价：78.00元

编写人员名单

主　　编　魏恩棋　邓保乐　李文君

参编人员　张肇元　张　莹　王效国　刘殿甲　杨灵燕

　　　　　张　静　魏宗坡　张　斌　张志昊　刘佳泓

　　　　　许　亮　薛娇娆　郑　浩　时庭锐　赵　一

　　　　　王治民　魏子章　张　吉　朱明奕　田　野

　　　　　洪礼楠　黄荣霞　赵　宁　王雯婧　杨金霞

气候变化是人类面临的全球性问题，臭氧层破坏和温室气体排放均可造成气候变化。为保护臭氧层，应对气候变化，我国自1991年加入《蒙特利尔破坏臭氧层物质管制议定书》，截至目前我国已完成了十多个行业淘汰消耗臭氧层物质（ODS）行动，淘汰ODS履约工作取得了显著成效。为节能减碳，我国提出碳达峰和碳中和目标，签署的《〈蒙特利尔议定书〉基加利修正案》，也要求对ODS替代物HFCs（氢氟碳化物）实施削减。我国的履约工作任重而道远。

本书从基础知识开始，介绍了何为臭氧层，臭氧空洞的形成原因，臭氧层破坏与全球变暖的关系等；从环境管理角度梳理淘汰消耗臭氧层物质的国际公约及修订进程、国内管理制度建立和执行情况。由于现阶段国内还未全面禁止使用的ODS物质主要为含氢氯氟烃（HCFCs），故本书重点深入分析涉及含氢氯氟烃主要领域，如制冷剂、发泡剂和清洗剂行业的生产工艺，涉及HCFCs工艺环节、主要替代技术、HCFCs减排防漏技术等。针对HCFCs的循环利用环节，分析总结其回收技术、再利用技术，并对HCFCs管控提出建议。由于HCFCs的替代物大部分属于HFCs，HFCs被广泛应用于空调、制冷设备和泡沫绝缘材料中，本书也将介绍《〈蒙特利尔议定书〉基加利修正案》对HFCs的削减要求，以及HFCs主要行业领域的现状等。

编者秉承"格物致知，知行合一"信念，积极探索消耗臭氧层物质及其替代物的管理理念，希望本书的出版能够为做好HCFCs的淘汰和替代及应对气候变化略尽微薄之力，也希望广大读者建言献策，共同参与这项全球范围的、有重大意义的、有益于人类健康和地球生态环境的公益事业！

编者

2023年3月

目 录

第一章

臭氧层和消耗臭氧层物质

第一节 消耗臭氧层物质（ODS）定义及种类

一、臭氧层

氧气对于人类来说是必不可少的一种气体，人类呼吸需要氧气，没有氧气，人类便无法生存。臭氧是氧气的一种同素异形体，分子式为O_3，即三原子形式的氧，而我们平时呼吸所需要的氧气是两个氧原子构成的分子，分子式为O_2。在常温下，臭氧是一种有特殊臭味的淡蓝色气体。人类真正认识臭氧是在150多年前，由德国先贝因（Schanbein）博士首次提出，臭氧在水电解及火花放电过程中产生，与自然界闪电后产生的气味相同，先贝因博士认为其气味难闻，因此将其命名为臭氧。

大气中的臭氧，主要是在阳光中强紫外线的照射下，氧气中一部分氧分子先分解成氧原子，再与其他氧分子结合形成臭氧。在距地球$20 \sim 25km$高度的大气层平流层范围内，集中了大气中约70%的臭氧，这里每年形成的臭氧约有500亿吨，因此我们把平流层中臭氧分子浓度较高的大气圈层称为臭氧层。臭氧层由法国科学家法布里于20世纪初发现，1930年英国地球物理学家卡普曼提出。对于地球上的生物来说，臭氧层的存在是至关重要的。太阳在为地球提供温暖的同时还会发射一种特殊的射线——紫外线，在太阳的辐射到达地球表面之前大气中的臭氧层会吸收掉大部分紫外线。而正是由于其保护地球上的生命不受紫外线伤害的特性，臭氧层才成为对地球生物有着不可忽略作用的"保护伞"。

二、消耗臭氧层物质（ODS）

20世纪30年代后，人工合成出多种卤代烷。由于卤代烷具有化学惰性和热稳定性、不燃性、沸点低及气液相易于转变、与烃类油脂相互混溶、表面张力低、黏度低等几乎完美的物理化学特性和低毒性，被迅速应用到诸多领域。尤其是在制冷、工业清洗、灭火器材、泡沫塑料等行业，卤代烷被大量使用。然而，这些化学物质虽然在大气对流层中不易分解，但当其进入平流层后受到强烈紫外线照射，极易分解产生氯游离基或溴游离基并与臭氧发生化学反应，1个氯原子或溴原子可以破坏数千个臭氧分子。随着时间的推移，臭氧层原有的动态平衡被打破，平流层的臭氧量急剧减少，臭氧层越来越薄甚至形成臭氧空洞，使更多的紫外线进入地球表面生物圈。

这些大量使用的卤代烷很多都能够穿越对流层，进入平流层破坏大气臭氧层，危害人类生存环境，这类物质被称为消耗臭氧层物质（ozone-depleting substances，ODS）。为保护臭氧层，联合国于1987年组织签订了《关于消耗臭氧层物质的蒙特利尔议定书》（以下简称《蒙特利尔议定书》）。我国1989年正式加入《保护臭氧层维也纳公约》，1991年加入《蒙特利尔议定书》，2010年3月颁布《消耗臭氧层物质管理条例》，环境保护部环境保护对外合作中心于2014年5月发布了《关于在泡沫行业开展消耗臭氧层物质监测监督活动的通知》（环外经函〔2014〕95号文件），逐步削减消耗臭氧层物质（ODS）。

三、中国主要ODS种类及淘汰情况

《蒙特利尔议定书》中规定的需淘汰的ODS物质中，在我国生产和消费的包括6类94种，这6类物质是氯氟烃（CFCs）、哈龙（Halon）、1,1,1-三氯乙烷（TCA）、四氯化碳（CTC）、甲基溴（MBr）和含氢氯氟烃（HCFCs）。截至目前，我国已全面完成CFCs、Halon、CTC、TCA和MBr的淘汰，正在开展HCFCs的削减和淘汰，即将开展氢氟烃（HFCs）的削减。

1. 氯氟烃（CFCs）

CFCs为氯、氟取代甲烷、乙烷或丙烷上的所有氢原子形成的全氟氯烷的总称，又称氟氯化碳。CFCs是20世纪30年代初发明并且开始使用的一种人造的含有氯、氟元素的碳氢化学物质，在人类的生产和生活中有不少用途。在一般条件下，CFCs的化学性质很稳定，在很低的温度下会蒸发，因此是冰箱冷冻机的理想制冷剂。CFCs还可以用来做罐装发胶、杀虫剂的气雾剂，另外电视机、计算机等电器产品印刷线路板的清洗中也会应用CFCs。CFCs的另一大用途是作塑料泡沫材料的发泡剂，日常生活中许许多多的地方都要用到泡沫塑料，如冰箱的隔热层、家用电器减震包装材料等。

CFCs在地球表面很稳定，可是一到距地球表面15 ～ 50km的高空，受到紫外线的照射，就会生成新的物质和氯原子（氯自由基），氯原子可发生一系列破坏多达上千到十万个臭氧分子的反应，而本身不受损害。这样，臭氧层中越来越多的臭氧被消耗，臭氧层变得越来越薄，局部区域例如南极上空甚至出现臭氧层空洞，造成臭氧层的破坏。

2007年7月1日，我国已完成全面淘汰氯氟烃的生产和使用的工作。

2. 哈龙

所谓哈龙（Halon的音译），就是我们平常说的1211（一溴一氯二氟甲烷）和1301（一溴三氟甲烷）的商品名称，它属于一类称为卤代烷的化学品，主要用于灭火药剂。它通过破坏燃烧或爆炸的复杂化学链式反应来达到灭火的目的。消防行业广泛使用的哈龙灭火剂是损耗臭氧的物质。哈龙含有氯和溴，在大气中受到太阳光辐射后，分解出氯、溴的自由基，这些化学活性基团与臭氧结合夺去臭氧分子中的一个氧原子，引发一个破坏性链式反应，使臭氧遭到破坏，从而降低臭氧浓度，产生臭氧洞。哈龙耗损臭氧的能力比氯氟烃要大3 ～ 10倍，引起温室效应，对气候变暖的作用较大。

2007年7月1日，我国已完成全面淘汰哈龙的生产和使用的工作。

3. 1,1,1-三氯乙烷

1,1,1-三氯乙烷也称甲基氯仿，是一种广泛应用的工业溶剂。甲基氯仿是一种良好的溶剂。在《蒙特利尔议定书》生效前，可用于清洁金属及印刷电路板，电子业中用作照片抗蚀溶剂，可作为气雾剂推进器或切削液添加剂，也是一种除去墨水、印刷、胶黏剂及其他涂层的溶剂。

2010年1月1日，我国已完成全面淘汰甲基氯仿的生产和使用的工作。

4. 四氯化碳

四氯化碳曾广泛用作溶剂、灭火剂、有机物的氯化剂、香料的浸出剂、纤维的脱脂剂、粮食的蒸煮剂、药物的萃取剂、有机溶剂、织物的干洗剂；也可用来合成氟氯代烷、尼龙7、尼龙9的单体；还可制三氯甲烷和药物；金属切削中用作润滑剂。四氯化碳不易燃，曾作为灭火剂，但因它在500℃以上时可以与水反应，产生二氧化碳和有毒的光气、氯气和氯化氢气体，会加快臭氧层的分解。

2010年1月1日，我国已完成全面淘汰四氯化碳的生产和使用的工作。

5. 甲基溴

甲基溴又称溴甲烷，是一种无色无味的气体，具有强烈的熏蒸作用，能高效、广谱地杀灭各种有害生物。甲基溴常用于植物保护，作为杀螨剂、土壤熏蒸剂和谷物熏蒸剂，也用作木材防腐剂、低沸点溶剂、有机合成原料和制冷剂等。甲基溴是一种消耗臭氧层的物质。

2015年1月1日，我国已完成全面淘汰甲基溴的生产和使用的工作。

6. 含氢氯氟烃（HCFCs）

HCFCs同为氯、氟取代烷，但分子里仍含氢原子，因此又被称作含氢氯氟烃。由于HCFCs含氢原子，对臭氧层的破坏能力低于CFCs，是CFCs的一种过渡性替代品，但长期和大量使用仍对臭氧层危害很大。HCFCs在我国主要应用于聚氨酯泡沫、聚苯乙烯泡沫、房间空调器、工商制冷四个消费行业。HCFCs是目前剩余的最后一大类受控ODS，被广泛用作制冷剂、清洗剂、发泡剂、喷雾剂，涉及化工生产、家用空调、工业和商业制冷、聚氨酯泡沫塑料、挤出聚苯乙烯泡沫塑料、清洗、医药等多个行业。值得注意的是，HCFCs不仅是ODS，它本身也具有较高的全球变暖潜能值（GWP），是一种强效温室气体。

中国是目前全球最大的HCFCs生产国、使用国和出口国。2007年，《蒙特利尔议定书》达成加速淘汰含氢氯氟烃（HCFCs）调整案。根据调整后的时间表，我国作为议定书第五条约定的国家，应在2013年将HCFCs的生产和消费冻结在基线水平上，2015年削减基线水平的10%，2020年削减基线水平的35%，2025年削减基线水平的67.5%，2030年全部淘汰HCFCs的生产与使用。

第二节　大气结构及臭氧层所在位置

一、大气结构

大气层又称大气圈，是因受到地球引力作用而环绕在地球外部的一层混合气体，是地球最外部的气体圈层，其主要成分是氮气和氧气。人类赖以生存的空气属于大气层的一部分。从大气层上界到宇宙空间，并没有明显的界限，在离地表2000～16000km高空仍有稀薄的气体和基本粒子。甚至在地面以下，土壤和某些岩石中也会有少量气体，它们也可认为是大气层的一个组成部分。因为受到地心引力的作用，大气层中的空气分布是不均匀的，海平面上的空气密度最大，近地层的空气密度随着高度的增加而迅速减小，温度也随其与地面垂直高度的增加而改变。整个大气层随高度不同表现出不同的特点，分为对流层、平流层、中间层、热层和散逸层。

对流层位于大气的最低层。在对流层中，因为底层的空气受热不均匀，气团受热膨胀上升、冷却收缩下沉，大气不断地进行对流作用，因此被称为对流层。对流层的厚度随纬度和季节变化而不同，范围在8～17km不等，平均厚度约为12km，是大气中最稠密的一层。对流层与人类的关系最密切，人类绝大多数的活动集中在对流层里。对流层集中了约75%的大气质量和90%以上的水汽质量，以及几乎全部的气溶胶粒子。在对流层中，气温随高度升高而降低，这是因为对流层的主要热源来自于地面辐射，垂直于地面高度越高，受热越少，温度就越低。在对流层里空气可以有上下的流动，雷雨、浓雾、风切变等天气现象都发生在这一层。

平流层又称为同温层，是地球大气层里上热下冷的一层，距地球表面约为10～50km。平流层顶部吸收了来自太阳的紫外线，温度较高，与地面气温相差不多，而底部温度来自顶部传导以及下部对流层的对流抵消，温度较低，因此其温度特点与对流层相反。平流层的大气主要以水平流动为主，垂直方向的流动较弱，上下对流几乎没有，并且基本上没有水汽，晴朗无云，很少发生天气变化，适于飞机航行。平流层中集中了大气中大多数的臭氧，在20～25km高度，臭氧浓度达到最高，形成臭氧层，臭氧可以强烈吸收太阳辐射中的紫外线，像一道屏障保护着地球上的生物免受太阳紫外线及高能粒子的袭击。

中间层又称为中层，为自平流层顶到85km之间的大气层。该层因处于热层和平流层中间，大部分太阳短波辐射已经被热层中氮、氧等大气直接吸收，同时，由于臭氧含量低，吸收紫外线热量很少，所以温度垂直递减率很大，对流运动强盛。中间层空气分子吸收太阳紫外辐射后可发生电离，习惯上称为电离层的D层，因此在高纬度地区夏季黄昏时偶尔有夜光云出现。

热层，又称为热成层、热气层或增温层，其顶部离地面约800km。受太阳短波辐射的影响，热层的空气处于高度电离的状态，电离层便存在于本层之中。电离层可以反射无线电波，因此它又被人类利用进行远距离无线电通信。在高纬度地区的晴夜，热层中可以出现彩色的极光，这是由于太阳发出的高速带电粒子使高层稀薄的空气分子或原子激发后发出的光。

散逸层，又称为外层、逃逸层，是大气层的最外层，垂直距离延伸至地球表面的1000km及以上。在太阳紫外线和宇宙射线的作用下，散逸层空气大部分分子发生电离，使质子和氦核的含量大大超过中性氢原子的含量。散逸层空气极为稀薄，甚至可以视作是真空，故又常称为外大气层。

二、臭氧层的形成及所在位置

臭氧层处于大气层中的平流层，是臭氧浓度最高的一个大气圈层。大气层中的臭氧是这样形成的：太阳光线中的紫外线分为长波和短波两种，当氧气分子受到短波紫外线照射时，一个氧分子（O_2）会分解成两个氧原子（O），由于氧原子具有极强的不稳定性，很容易与其他物质发生反应。如与氢（H_2）反应生成水（H_2O），与碳（C）反应生成二氧化碳（CO_2）。同样地，与氧分子反应时，就形成了臭氧（O_3）。臭氧形成后，由于其分子量比氧气分子大，会逐渐向臭氧层的底层降落。在降落过程中，由于温度逐渐上升，臭氧不稳定性越来越明显，再受到长波紫外线的照射，再度还原为氧分子。臭氧层就是保持了这种氧气与臭氧相互转换的动态平衡。

臭氧层分布在距地面20～50km的大气圈层，浓度最大的部分位于20～25km的高度处，臭氧含量随纬度、季节和天气等变化而不同。如果在0℃的温度下，把地球大气层中所有的臭氧压缩到一个标准大气压（101325Pa），那么臭氧层的平均厚度仅有3mm，对于整个大气层高度来说，占比更是只有几千万分之一。而正是这薄薄的一层臭氧对人类甚至地球的意义非常重大：紫外辐射在高空被臭氧吸收，对大气有增温作用，同时保护了地球上的生物免受远紫外辐射的伤害，为地球提供了一个防止紫外辐射有害效应的屏障。可以说，臭氧层为地球生命提供了一把安全的保护伞。

第三节　臭氧层与低空臭氧

一、低空臭氧

上文中提到了臭氧层的形成及所在位置，臭氧层的臭氧能吸收99%以上对人类有害的太阳紫外线，保护地球上的生命免遭短波紫外线的伤害。所以，臭氧层被誉为地球上生物生存繁衍的保护伞，但臭氧也并不都是"有益"的。

随着人类工业化生产的发展，工业生产排放出越来越多的氮氧化物（NO_x）和挥发性有机物（VOCs），遇到高温和强光照时，经过一系列复杂的光化学反应，都容易形成臭氧。就是这样一种物质，一旦到了距离地面10～100m的近地面层，就会由"高空卫士"变成"低空杀手"，其强氧化性会对人体呼吸道产生强烈刺激，同时也会刺激眼睛和皮肤。

生态环境部发布的《2021中国生态环境状况公报》显示，2021年中国337个地级及以上城市臭氧浓度达到137μg/m³，以臭氧为首要污染物的超标天数占超标总天数的34.7%（该占比在2015年为16.9%），仅次于占比39.7%的$PM_{2.5}$（细颗粒物）。相对于高空臭氧，低空存在的臭氧因其不同的地理位置而大不相同，被视作严重的空气污染物，被称为"有害的臭氧"。而如今，低空臭氧正成为城市主要污染物之一。

二、低空臭氧的危害

1. 危害人类的身体健康

"高空臭氧是天使，低空臭氧是恶魔。"位于平流层的高空臭氧可以有效减少紫外线对地球生命的伤害，而位于对流层的低空臭氧就不同了，低空臭氧对人体健康有诸多危害。低空臭氧会刺激与损害人体鼻黏膜及呼吸道。由于臭氧具有较强的氧化性，较高浓度的臭氧会对呼吸道及肺部造成腐蚀，引起呼吸道及肺部炎症。如果人类长期吸入臭氧，将会造成神经中毒，严重的会导致人的记忆力下降，引发头疼症状，严重影响人们的正常生活。人的免疫系统也会被臭氧破坏，甚至会引起淋巴细胞染色体发生病变。长期吸入臭氧会导致衰老加速，孕妇吸入过量臭氧会引起胎儿畸形。人的皮肤长期接触臭氧，会破坏皮肤中的维生素E，皮肤会有明显的皱纹及黑斑出现，而这些损伤往往是不可修复的。

2. 危害农作物的生长

臭氧对农作物生长的危害也十分明显。高浓度的臭氧会腐蚀农作物，导致农作物产量减少，降低农作物的经济效益。农作物的生长对环境有较高的要求，而臭氧破坏了农作物的生长活动，例如植物的呼吸作用、光合作用、新陈代谢、气孔反应、叶片膜保护系统等，使得农作物的根茎、叶片上出现黑斑，农作物的生命周期缩短，产量自然会下降。

3. 破坏生态系统

臭氧还会破坏生态系统，尤其是农田生态系统，一旦臭氧侵入农田生态系统，将对农作物的生长、产量及光合机制等产生强烈的负面效应，还会影响农作物的物候、品质和农田土壤酶活性等，影响农田生态系统的健康。

三、臭氧层的作用

平流层中的臭氧可以吸收掉太阳光中大量对人类、动物及植物有害波长的紫外线辐射，为地球提供一个防止紫外辐射有害效应的屏障。正是由于这个原因，平流层中的臭氧含量很低时，生物将无法在陆地上生存，只能存在于海洋和湖泊中。植物化石的研究已证实了大气中臭氧对古生物的这种保护作用。臭氧层主要有三个作用。

一是保护作用。紫外线属于太阳辐射波的一部分，根据其波长可以划分为长波紫外线（UV-A）、中波紫外线（UV-B）、短线波紫外线（UV-C）和真空紫外线（UV-D）四种。紫外线是一种波长比可见光短的光辐射，波长越长，穿透能力越强。四个波段中，波长为320～400nm的UV-A对生物基本无害，穿透力最强，因而全部通过臭氧层；波长为295～320nm的UV-B对生物有一定的危害，大部分被臭氧层吸收，大约只有2%～10%到达地面；波长为100～295nm的UV-C对生物的危害最大，但是渗透力较差，被臭氧层全部吸收；波长在100～200nm的UV-D，穿透能力极弱，它能使空气中的氧气氧化成臭氧。

研究表明，随着光波波长的变短，紫外线对生物的损伤成指数地增加。例如当波长从320nm降到280nm时，紫外线对脱氧核酸的损伤增加4个数量级。此外，UV-C和UV-B还伤害脱氧核糖核酸（DNA），据报道，臭氧每减少1%，紫外线会增加2%，皮肤癌就可增加5%～7%，白内障将增加0.2%～0.6%。可以说，臭氧层屏蔽和吸收大量太阳中的紫外辐射，犹如一件宇宙服保护地球上的生物得以生存繁衍。

二是加热作用。臭氧层通过吸收太阳辐射中的紫外线，将光能转换为热能加热大气，从而参与大气循环。因此，大气层的温度在50km左右有一个峰值，使地球上空15～50km存在着升温层，这一现象的起因也来自臭氧的高度分布，这也是地球周围存在平流层的原因。平流层的存在使地球上空形成了大气垂直温度结构，这种温度结构对大气的循环具有重要的影响，这一现象的起因也来自臭氧的高度分布。

三是温室气体的作用。在对流层上部和平流层底部这一大气气温很低的高度，臭氧的作用同样非常重要。如果这一高度的臭氧减少，则会使地球大气低层变暖、高层变冷、地面气温下降，即会产生使地面气温下降的动力。因此，臭氧的高度分布及变化是极其重要的。

第四节 ODS、含氟气体与温室气体

一、臭氧消耗潜势与全球变暖潜能值

臭氧消耗潜势（ozone depletion potential，ODP），又称臭氧损耗潜势或臭氧消耗潜势值，是一种物质消耗平流层臭氧能力的指数，是以CFC-11破坏臭氧层的能力作为参照的数值，值越大说明破坏臭氧层的能力越强。CFC-11的ODP值为1。该比值测量的是某种气体对大气的长期效应，且该比值不随时间变化。科学家用臭氧消耗潜势（ODP）来衡量ODS对大气臭氧的破坏能力。

《蒙特利尔议定书》中列出了ODS的名称以及它们的臭氧消耗潜势。我国颁布的《中华人民共和国消耗臭氧层物质管理条例》表明了国家拟逐步减少并最终停止使用ODS。

全球变暖潜能值（global warming potential，GWP），是物质产生温室效应的指数，即在100年的时间框架内，各种温室气体的温室效应对应于相同效应的二氧化碳的质量。

ODS物质在大气中都会产生温室效应，使地表和近地面大气温度升高，造成全球气候变暖的环境问题。为了表示和比较各种ODS气体使气候变暖的能力的大小，引用了全球变暖潜能值（GWP）的概念。

二、含氟气体

含氟气体是指在0.1013MPa的绝对压力下，于20℃时完全以气态形式存在的，或者于50℃时其蒸气压达到或超过0.3MPa的含有氟（F）元素的物质。广义的含氟气体是指一系列人造含氟化学物质，它们不会在大气中自然产生，大部分是人类社会的工业生产和现代生活过程中，大量消

耗化石能源后产生和扩散出来的。狭义的含氟温室气体主要包括《联合国气候变化框架公约京都议定书》（以下简称《京都议定书》）规定的限制使用且需减排的含氟气体和《蒙特利尔议定书》规定的需要淘汰的ODS。它们不仅能够引起强烈的气候变化，而且有些还会破坏臭氧层。可以看出，要同时履行以上两个议定书的承诺，减排、淘汰含氟温室气体十分必要。

含氟气体按照组成可分为无机与有机两大类，按用途主要分为制冷剂、灭火剂、发泡剂、气雾剂、清洗剂、蚀刻剂、氟化试剂、聚合物单体等，含氟气体广泛应用于国民经济的各个领域。我国既是全球最大的含氟气体生产国，又是最大的消费国和出口国。由于《蒙特利尔议定书》在早期制定时考虑不全面，将提高消耗臭氧层物质淘汰量视为第一要务，选择替代ODS的物质中包含了很多具有高GWP的含氟气体，忽略了替代气体对气候的影响，从而埋下了难以忽视的气候隐患。同时，化工企业受利益驱动，不断将其含氟气体产品更新换代，其中中低端产品的产量占比较大，在高端产品特别是含氟电子气体、高端含氟聚合物单体、消耗臭氧层物质替代品方面缺少自主知识产权和创新品种，这为含氟气体的全面淘汰制造了不小的障碍。

《保护臭氧层维也纳公约》（以下简称《维也纳公约》）是最早提出保护臭氧层的框架协定。1985年，《维也纳公约》在维也纳由20多个国家共同签署。签署国一致同意采取适当措施阻止人类活动破坏臭氧层。《维也纳公约》是一个支持科学研究、信息交换及未来议定书的框架协定。在《维也纳公约》的框架下，1987年《关于消耗臭氧层物质的蒙特利尔议定书》（以下简称《蒙特利尔议定书》）签订，作为实现《维也纳公约》保护臭氧层的具体实施计划。《蒙特利尔议定书》主要对ODS物质的生产和消费进行控制，由于涉及具体措施，受控物质和淘汰时间表都经过广泛且深入的讨论，然后形成了《蒙特利尔议定书》一系列的修正案和调整案。目前，联合国承认的197个主权国家全部成为议定书的缔约方。《蒙特利尔议定书》及其修正案主要针对的ODS包括氯氟碳化物（CFCs）、哈龙（Halon）、含氢氯氟烃（HCFCs）、四氯化碳（CCl_4）、甲基氯仿（CH_3CCl_3）、甲基氯、甲基溴等，因为这些ODS长寿命的特性，即使在全面淘汰停止排放后，仍对平流层臭氧存在长达数十年的影响。此外，这些ODS都是温室气体，GWP高达数百至上万，对气候的影响也将持续数十年。然而，由于这些ODS是在《蒙特利尔议定书》实施框架下管控，所以讨论气候变化议题时往往较少涉及。

三、ODS、含氟气体与温室气体的关系

含氟气体和ODS是人类制造的强效温室气体，释放到大气中会导致全球变暖，通常比二氧化碳强数千倍，在这些物质中，含氟气体对全球变暖的影响不容小觑。虽然目前含氟气体占全部温室气体的比重并不大，但是这些气体普遍具有极高的GWP值，是二氧化碳全球变暖潜能值的几千倍甚至上万倍。

《蒙特利尔议定书》签署以来，对于地球大气臭氧层破坏的减少和全球性的生态环境保护发挥着重要的作用，但仍然存在漏洞。《蒙特利尔议定书》未对氢氟碳化物（HFCs）等临时性的、具有高全球变暖潜能值的CFCs替代物质加以文件规范，结果导致在保护大气臭氧层的同时却加速了全球变暖。HFCs是《京都议定书》中最受关注的含氟温室气体，显然不能作为HCFCs的替代物，并逐渐成为《蒙特利尔议定书》和《京都议定书》矛盾的焦点。如何解决含氟气体对于全球气候的进一步破坏，已成为当前国际社会亟待解决的问题之一。

《蒙特利尔议定书》第19次缔约方大会通过了加速淘汰HCFCs的调整案，并提出要加强《蒙特利尔议定书》与《京都议定书》之间的协作，决定与原有时间表相比，提前10年淘汰HCFCs，以进一步加速消耗臭氧层物质的淘汰进程。

当前，各国尤其是发展中国家面临着加速淘汰 ODS、加大减排力度、抵御金融危机等多重压力，如果在淘汰含氟气体的同时鼓励日渐成熟的替代物质的发展，那么在综合因素的作用下，这些压力可以得到缓解。但是含氟气体的全面淘汰也并非易事，既需要发达国家的资金和技术支持、发展中国家的积极配合，也需要国际气候公约间的有效协作。

第五节　ODS与温室效应

温室效应又被称为"花房效应"。地球吸收的辐射中，太阳辐射占了绝大部分。太阳对地球的热辐射主要为可见光部分，其以可见光形式进入地表后，大约有30%的能量被云尘、沙漠和积雪等反射，其余部分则被地表吸收，地表温度随之上升。地球在吸收太阳热辐射后会以红外线为主要形式向大气发出红外辐射，以此散失热量，但由于大气层中存在水分子、二氧化碳等物质，这些物质对红外线有强烈的吸收能力，在一定程度上减少了地球向大气层外的热量散失，因此地球从太阳热辐射中得到的热量比起向大气层外散失的热量多，从而使地球表面温度升高，这种现象被称为温室效应。

温室效应源自温室气体，由于像二氧化碳这类吸收热能的气体都是只允许太阳光进入，而阻止其反射，进而实现保温、升温作用，因此被称为温室气体。大气中的每种气体并不都能强烈吸收地面长波辐射，在法律意义上被确认为影响气候变化的温室气体中，二氧化碳是数量最多的，约占大气总容量的0.03%，除了二氧化碳之外，还包括甲烷（CH_4）、一氧化氮（NO）、氢氟碳化物（HFCs）、全氟化碳（PFCs）、六氟化硫（SF_6）以及水汽等。这些痕量的温室气体也会产生温室效应，有的温室效应比二氧化碳还强。例如，甲烷的 GWP 值是二氧化碳的72倍，一氧化氮吸热量是二氧化碳的275倍。目前为止，温室效应最强的是全氟化碳（PFCs）、氢氟碳化物（HFCs）和六氟化硫（SF$_6$），它们的GWP值可达到二氧化碳的5000～16000倍，同时它们也属于ODS物质。

20世纪30年代由美国杜邦公司开发和生产了一种氯氟烃类（CFCs）的制冷剂，并且冠以商标名称为"氟利昂"。而现今，人们习惯于把制冷剂统称为"氟利昂"。CFCs具有很强的温室效应，同时对臭氧层具有很强的破坏作用，大气中的CFCs基本上都来自人为制造。20世纪80年代是CFCs使用增长最快的时期，研究表明，对于当时温室效应引起的温度上升，CFCs物质的贡献就占了20%以上。

温室效应引起全球变暖已成为世界共识。全球变暖会对人类生存环境造成极大的负面影响，甚至是灭顶之灾。气温的升高导致两极冰川融化加快，海平面上升，最终会导致沿海数十个国家倾数覆灭，同时，气候变化也会给生态系统带来灾难。有研究表明，20世纪50年代以来，由于气温的升高，美国加利福尼亚州附近海域浮游动物减少了80%，黑海鸥减少了90%。

第六节　臭氧层消耗机理及破坏现状

一、臭氧层消耗机理

影响臭氧浓度和分布的因素是多方面的，太阳活动引起的太阳辐射强度变化，大气运动引起的大气温度场和压力场的变化，以及与臭氧生成有关的化学成分的移动、输送，这些自然界发生的变化都对臭氧的光化学平衡产生影响。不过这个原因远远没有人类活动造成的影响快且大。

1982年9月，两位日本科学家在南极昭和站观察活动中首次发现南极臭氧空洞并报道这一现象，但当时很少有人注意到这一件事。之后，英国南极站的科学家约瑟·法曼等也观察到每年9月南极上空臭氧急剧减少，并提出"南极臭氧洞"的问题。1985年，他们通过南极哈雷湾观测站的观测结果发现，1957年以来，每年早春（南极9月份）南极臭氧浓度都会发生大规模的耗损，极地上空臭氧层的中心地带，臭氧层浓度已极其稀薄，与周围相比像是形成了一个"洞"，直径达上千公里，但全球其他地方的臭氧总量及浓度下降并不大，"臭氧洞"就是因此而得名的。这一发现得到了许多其他国家的南极科学站观测结果的证实。1986年，美国公布并证实了自1979年到1984年10月在南极上空的确出现了总臭氧含量持续减少的情况，这样显著的变化已经超出了由气候变化引起的变化范围。直到这个时候，南极上空的"臭氧空洞"才受到全球的关注。实际上不仅在南极，在北极上空和其他中纬度地区也都出现了不同程度的臭氧层损耗现象。

对于大气臭氧层破坏的原因，科学家们有多种见解。第一种认为，南极臭氧洞的发生是因为对流层的低臭氧浓度的空气传输到达平流层，稀释了平流层臭氧的浓度；第二种认为，南极臭氧洞是由于宇宙射线的作用在高空生成氮氧化物的结果。越来越多的科学证据否定了前两种观点，证实人工合成的一些含氯和含溴的物质是导致臭氧层被破坏的元凶，最典型的是氯氟烃（CFCs）和含溴化合物哈龙。

CFCs和哈龙在生产与使用过程中不可避免地会以无组织形式排放到大气中，进入大气后首先进入对流层中。这些物质在对流层中十分稳定，几乎不参与任何化学反应，能够存在几十年甚至上百年不发生变化。但这些物质不是静止的，会在风的作用下，从低纬度地区向高纬度地区输送，也会随着极地的大气环流以及赤道地带的热气流上升，最终进入平流层，在平流层内混合均匀。在平流层中，强烈的太阳紫外线照射会使CFCs和哈龙分子发生分解，释放出高活性的氯和溴的自由基，而氯原子自由基和溴原子自由基就是破坏臭氧层的主要物质。

臭氧空洞的形成除了氯原子自由基和溴原子自由基的化学过程外，还有空气动力学过程和极地特殊的温度变化过程所参与的非均相的催化反应过程，这就是臭氧空洞出现在两极以及多发生在春季的原因。此外，臭氧层的破坏也是全球气候变暖的原因之一。随着臭氧层的破坏，臭氧吸收紫外线的作用无法发挥，会使到达地面的太阳辐射增强，起到加速全球气候变暖的作用；同时 HFCs、PFCs、SF_6 等也是温室气体，其造成的温室效应甚至远远高于二氧化碳。即其不仅能破坏臭氧层，也能起到和二氧化碳一样的温室效应，从而加剧全球气候变暖。

二、臭氧层破坏现状与改善

1985年，在发现并报道"南极臭氧洞"后，世界迅速采取行动，28个国家签署了保护臭氧层的协议。1987年，24个国家和欧洲共同体签署了《关于消耗臭氧层物质的蒙特利尔议定书》，旨在逐步淘汰间接造成臭氧层破坏的人造臭氧消耗化学品。

南极的臭氧洞在每年的大小都有所不同，但恐怕不会在短时间内得到永久性修复，自1996年禁止使用氯氟烃以及随着氯氟烃等ODS的无害代替品被发明以来，地球在自我调节下，臭氧层已经开始慢慢恢复。虽然氯氟烃类化合物到现在还没有被完全取代，空气中的氯氟烃类化合物依旧存在，但随着《蒙特利尔议定书》及其修正案的不断完善和严格实施，国际上对ODS替代物的研究取得越来越多的新成果。科学家们预计，在2030年的时候，氯氟烃类化合物将被彻底取代。

根据世界气象组织（WMO）的数据，自2000年以来，南极的臭氧洞正在以每10年约1%～3%的速度缩小。按照预估速率，北半球和中纬地区的臭氧洞预计在2030年将完全修复，南半球和极地地区分别在2050年和2060年前可被修复。《蒙特利尔议定书》的签订，使消耗臭氧的化学品基本上被逐步淘汰，臭氧层正在缓慢恢复。这是迄今为止唯一所有成员国通过的联合国条约，并取得了空前的成功。正如联合国秘书长安东尼奥·古特雷斯所说，"《蒙特利尔议定书》既是人类如何合作应对全球挑战的一个鼓舞人心的例子，也是应对当今气候危机的关键工具"。

三、对人类生态环境的影响

臭氧层耗减对全球环境造成的影响，最直接的就是使太阳光中的中波紫外线UV-B到达地面的数量增加。紫外线UV-B能破坏蛋白质的化学键，杀死微生物，破坏动植物的个体细胞，损害其中的脱氧核糖核酸（DNA），使传递遗传特性的因子发生变化，发生生物的变态反应。长期接受过量紫外线辐射，将引起细胞内DNA改变，细胞的自身修复能力减弱，免疫机制减退。由于紫外线辐射的增加，大量疾病的发病率及严重程度都会大大增加。

1. 对人类健康的影响

人类的生存环境离不开紫外线，适量的紫外线照射对人体的健康是有益的，它能增强交感肾上腺机能，提高免疫能力，促进磷钙代谢，增强人体对环境污染物的抵抗力。随着大气臭氧越来越少，可吸收紫外线的能力就会越来越弱，导致地面接触的紫外线会越来越多，给人类的身心健康和生态环境带来严重的危害。过多的紫外线进入人体内部会使人自身的免疫系统出现问题，增加呼吸系统疾病的发病率，还会增大人患眼科疾病、皮肤癌、麻疹、水痘、疱疹等疾病的概率。人体免疫系统中的一部分存在于皮肤内，皮肤如果长期受到过量紫外线的辐射，会引发细胞内的DNA变异，尤其是对儿童的影响最大，严重者会引发皮肤癌。同时紫外线的过多照射也会对眼晶体和眼角膜产生影响，而白内障是形成在眼球晶体上的一层雾斑，当过量紫外线辐射到眼睛周围时，会使视网膜的细胞发生变异，可引起白内障、眼球晶体变形等，严重者会引发眼角膜永久性损伤。

2. 对地球生物的影响

地球生物对于波长为280～320nm的紫外线有强烈的反应，科学家对200种不同的植物进行过敏感测试，有将近2/3受到了影响，例如对棉花、豆类、瓜果和部分蔬菜激素以及叶绿素产生影响，均出现了生长缓慢的现象。植物的生理和进化过程都受到UV-B辐射的影响，并与UV-B辐射的量有关。对森林和草地，可能会改变物种的组成，进而影响不同生态系统的生物多样性分布。UV-B辐射带来的间接影响，例如植物形态的改变、植物各部位生物质的分配、各发育阶段的时间及二级新陈代谢等可能与UV-B造成的破坏作用同样大，甚至更为严重。紫外线的过量辐射对水生生物也有很大的影响，世界上30%以上的动物蛋白质来自海洋，因此紫外线辐射增加后对水生生态系统生产力的影响是不可估量的。美国海洋学家韦勒曾指出："南极大陆上空的臭氧层已经开始变薄，导致紫外线直接穿过臭氧层进入海洋，对水生生物造成了严重的影响。"紫外线辐射会导致水生生物发育不健全、繁殖力下降，会直接引起水体植物、动物以及整个水生食物链的破坏，对海洋生物链、生态平衡和水体的自净力有很大的影响。

3. 对地球气候的影响

臭氧层破坏，会使到达地面的太阳辐射尤其是其中的紫外线增强，它会起到对全球气候的破坏作用。当平流层中的臭氧浓度低时，吸收紫外线辐射的能力就会减弱，地球温度会变低；当紫外线对地球的辐射量增加时，地球就会变暖。如果平流层的臭氧浓度增加或减少量均匀，那么以上的两种效应可以抵消；反之，这两种效应就不会抵消，地球的环境也会随着其变化受到影响。所以，臭氧浓度的变化不仅影响到平流层大气的温度和运动，也影响了全球的热平衡和全球的气候变化。

联合国环境规划署表示，臭氧消耗、臭氧层空洞仍然是全人类面临的最大威胁之一，人们持续保护臭氧层的行动将继续保护人类和地球上的所有生命，而在臭氧保护方面的全球性合作将为保护地球上的生命、营造更美好的未来生存环境争取到更佳时机。

参考文献

［1］冯欣怡. 消耗臭氧层物质淘汰现状与趋势［J］. 四川化工，2016(5): 25-28.

［2］董蕊，冯尚斌. 环保制冷剂趋势分析［J］. 日用电器，2010(11): 37-40.

［3］保护生存环境. 加快淘汰消耗臭氧层物质（ODS）［J］. 环境，2009(3): 95.

［4］苏西. 26℃空调能保护臭氧层吗？［J］. 绿色中国A版，2009(9): 22-25.

［5］于朝清. 淘汰ODS促进生产发展［J］. 清洗技术，2003(7):48-50.

［6］肖学智. 保护臭氧层30周年成果显著［J］. 世界环境，2016(1): 36-37.

［7］我国列出消耗臭氧层受控物质清单. 2030年前淘汰全部消耗臭氧层物质［J］. 江苏氯碱，2010(6): 41-42.

［8］洪云，孙芳娟，宋阳，等. 我国消耗臭氧层物质进出口现状分析研究［J］. 世界环境，2013(3): 53-57.

［9］Plummer D A, Scinocca J F, Shepherd T G, et al. Contributions to stratospheric ozone changes from ozone depleting substances and greenhouse gases［J］. Atmospheric Chemistry and Physics Discussions, 2010, 10(4).

［10］王蕾. 臭氧层保护国际法律制度研究——兼论我国对相关国际义务的履行［J］.

［11］关于消耗臭氧层物质的蒙特利尔议定书［J］. 环境污染与防治，2016(12): 113.

［12］佘远斌，赵文伯，李云鹏，等. 四氯化碳实验室和分析用途相关国际政策和出版物的研究报告［J］. 化学试剂，2010(4): 375-379.

［13］吕达. 消耗臭氧层物质(ODS)管理研究［J］. 环境科学与管理，2015(1): 13-16.

［14］蒋秀娟. 臭氧空洞会不会消失［J］. 新农村，2014(11): 39.

［15］肖学智. 地球的保护伞臭氧层：臭氧层基础知识和国际公约相关知识问答［M］. 北京：中国环境出版社，2016.

第二章

消耗臭氧层物质管控政策

第一节 国际管控及公约签订等概述

一、《保护臭氧层维也纳公约》概述

联合国环境规划署（UNEP）为了保护臭氧层，采取了一系列国际行动。1976年4月UNEP理事会第一次讨论了臭氧层破坏问题；1977年3月召开臭氧层专家会议，通过了第一个《关于臭氧层行动的世界计划》；1980年UNEP理事会决定建立一个特设工作组来筹备制定保护臭氧层的全球性公约；经过几年努力，终于1985年3月在奥地利首都维也纳召开的"保护臭氧层外交大会"上，通过了《保护臭氧层维也纳公约》（简称《维也纳公约》），为全球保护臭氧层的国际行动奠定了重要的法律基础。

我国于1989年9月11日正式提出加入《保护臭氧层维也纳公约》，并于1989年12月10日生效。截止到2000年3月，《保护臭氧层维也纳公约》的缔约方共有174个，此公约被联合国称为"迄今为止最成功的国际公约"，联合国秘书长古特雷斯在2020年的9·16国际臭氧日纪念活动中讲，全球性的协议很少有像《保护臭氧层维也纳公约》这样成功的，是鼓舞人心的杰出范例。

二、《关于消耗臭氧层物质的蒙特利尔议定书》概述

《维也纳公约》签署2个月后，英国南极探险队队长J. Farman宣布，自从1977年开始观察南极上空以来，每年都在9～11月发现有"臭氧空洞"。这个发现举世震惊。1987年9月，为了进一步落实《维也纳公约》，UNEP在加拿大蒙特利尔组织召开了"保护臭氧层公约关于含氯氟烃议定书全权代表大会"。出席会议的有36个国家、10个国际组织的140名代表和观察员，中国政府也派代表参加了会议。9月16日，24个国家签署了《关于消耗臭氧层物质的蒙特利尔议定书》，中国政府认为这个《蒙特利尔议定书》没有

体现出发达国家是排放CFCs造成臭氧层耗减的主要责任者，对发展中国家提出的要求不公平，所以当时没有签订这个议定书。同年10月，联合国决定成立保护臭氧层工作组，从事制定议定书的工作。为了纪念《蒙特利尔议定书》的签署，1995年1月23日联合国大会通过决议，确定从1995年开始，每年的9月16日为"国际保护臭氧层日"。

《蒙特利尔议定书》规定，从1990年起，各缔约方根据可以取得的科学、环境、技术和经济资料，至少每4年对《蒙特利尔议定书》的控制措施进行一次评估。根据做出的评估，缔约方可以对《蒙特利尔议定书》进行调整和修正。迄今为止，《蒙特利尔议定书》经过5次修正和6次调整，对保证缔约方履约起到了至关重要的作用。

1.《〈蒙特利尔议定书〉伦敦修正案》

《〈蒙特利尔议定书〉伦敦修正案》（简称《伦敦修正案》）是《关于消耗臭氧层物质的蒙特利尔议定书》非常重要的一个修正案，于1990年6月29日在伦敦签署。该修正案基本上反映了发展中国家的意愿，包括印度在内的许多发展中国家都纷纷表示将加入修正后的《蒙特利尔议定书》，中国代表团在会上也表示将建议我国政府尽快加入修正后的《蒙特利尔议定书》。1991年6月14日，中国正式签署加入该修正案，成为第5条第51款的缔约方。1992年8月，该修正案对中国正式生效。

2.《〈蒙特利尔议定书〉哥本哈根修正案》

《〈蒙特利尔议定书〉哥本哈根修正案》（简称《哥本哈根修正案》）是继《伦敦修正案》后又一个影响深远的修正案。1992年11月25日在哥本哈根签署，1994年6月14日生效。2003年4月22日，中国签署加入该修正案。

3.《〈蒙特利尔议定书〉蒙特利尔修正案》

《〈蒙特利尔议定书〉蒙特利尔修正案》（简称《蒙特利尔修正案》）于

1997年9月17日在蒙特利尔签署，1999年11月10日生效。

4.《〈蒙特利尔议定书〉北京修正案》

1999年11月29日至12月3日在北京圆满成功地举行了第十一次《蒙特利尔议定书》缔约方大会，大会通过了《〈蒙特利尔议定书〉北京修正案》（简称《北京修正案》），并决定如果缔约方批准《北京修正案》，必须批准《伦敦修正案》《哥本哈根修正案》和《蒙特利尔修正案》。

5.《〈蒙特利尔议定书〉基加利修正案》

2016年10月，议定书第28次缔约方大会通过了历史性的《〈蒙特利尔议定书〉基加利修正案》（简称《基加利修正案》），将HFCs纳入蒙约进行管控，是继气候变化《巴黎协定》后又一里程碑式的重要文件。根据世界气象组织和联合国环境署发布的2018年臭氧耗损科学评估报告，履行《基加利修正案》管控要求可使HFCs排放量在21世纪末降至每年10亿吨CO_2当量以下，每年减少56亿～87亿吨CO_2当量排放，从而最多可避免全球平均升温0.4℃。

截至目前，已有129个缔约方加入了修正案，我国是修正案第122个缔约方，2021年6月17日，中国常驻联合国代表团向联合国秘书长交存了中国政府接受《基加利修正案》的接受书。该修正案于2021年9月15日对我国生效（暂不适用于中国香港特别行政区）；2033年1月1日起，禁止《基加利修正案》缔约方与非缔约方进行HFCs贸易。

第二节　国际公约、议定书等管理要求

一、《保护臭氧层维也纳公约》

《保护臭氧层维也纳公约》（简称《维也纳公约》）所订立的目标之一是

规定各缔约方通过以下方式促进相互合作：开展系统的监测和研究活动，以便针对人为活动对臭氧层所产生的影响进行系统地监测、研究和信息交流，针对可能对臭氧层产生有害影响的各种活动采取立法或行政措施。可以说这一目标目前已基本实现：根据臭氧层消耗问题的科学评估结果，中纬度（北纬30°～南纬60°）地区上空的臭氧层有望于2049年得到恢复。评估进一步表明，南极洲上空的臭氧层亦能得到恢复，但时间要比之前的估测晚15年左右，这是南极洲上空的极度低温以及极高的风速等特殊条件所致。尽管将出现延迟，但《维也纳公约》在解决臭氧层消耗这一问题上正在取得显著成效。

二、《关于消耗臭氧层物质的蒙特利尔议定书》

《关于消耗臭氧层物质的蒙特利尔议定书》（简称《蒙特利尔议定书》）由联合国环境规划署（UNEP）主持，在议定书中为逐步淘汰消耗臭氧层物质设定了具体可执行的任务。在各缔约方和国际社会的共同努力下，全世界成功淘汰了超过99%的消耗臭氧层物质，根据科学评估，议定书实现了巨大的环境效益和健康效益，平流层臭氧层正在恢复，预计到21世纪末将避免至少一亿例皮肤癌和数百万例白内障发生。我国于1991年加入议定书，成为议定书缔约方。

三、《〈蒙特利尔议定书〉伦敦修正案》

该修正案增加了四组新的受控物质，包括四氯化碳（CTC）、甲基氯仿（TCA）、10种其他全卤化氟氯化碳（CFCs），以及34种含氢氯氟烃（HCFCs），并定义HCFCs为过渡性物质。除HCFCs外，该修正案规定其他几组新物质的淘汰时间表。另外一个重要成果是设立了临时多边基金作为议定书的财务机制，以帮助合格的第5条缔约方执行控制措施。

四、《〈蒙特利尔议定书〉哥本哈根修正案》

该修正案将发达国家CFCs、CTC、TCA的最终淘汰时间提前到1996年，将哈龙的最终淘汰时间提前到1994年，对发展中国家是否加速这些物质的淘汰将在考虑多边基金对他们提供的援助之后决定。该修正案同时增加了三组受控物质，包括40种HCFCs、含氢溴氟烃（HBFCs）和甲基溴，并规定了这几种物质的淘汰时间表。比较特殊的是，对HCFCs，修正案只规定了消费的最终淘汰时间而未涉及生产。对HBFCs，修正案规定发达国家和发展中国家到1996年均必须停止这类物质的生产和消费，主要目的是防止将其作为哈龙的替代品应用。

五、《〈蒙特利尔议定书〉蒙特利尔修正案》

该修正案主要规定了消耗臭氧层物质进出口的一些措施。该修正案要求缔约方对所有受控物质建立进出口许可证制度，还规定了在缔约方和非缔约方之间禁止甲基溴贸易。

六、《〈蒙特利尔议定书〉北京修正案》

该修正案增加了一种受控物质即溴氯甲烷，要求从2002年起各缔约方禁止此种物质的生产和消费（必要用途除外）。该修正案也第一次对HCFCs的生产规定了控制条款。此外，该修正案增加了禁止缔约方和非缔约方之间进行HCFCs类物质贸易的条款，截止到2010年不再生产氟氯化碳（CFCs）、哈龙，以及在2015年以后不再生产甲基溴等受控物质。

七、《〈蒙特利尔议定书〉基加利修正案》

《〈蒙特利尔议定书〉基加利修正案》（简称《基加利修正案》）通过

后《蒙特利尔议定书》开启了协同应对臭氧层耗损和气候变化的历史新篇章。中国政府高度重视保护臭氧层履约工作，扎实开展履约治理行动，取得积极成效。作为最大的发展中国家，虽然面临很多困难，但中国决定接受《基加利修正案》，并将为全球臭氧层保护和应对气候变化做出新贡献。

除修正案外，另外一个对议定书的发展有重要影响的措施是对议定书的调整。调整主要是根据科学评估，对议定书的附件中所载的各种物质的臭氧消耗潜势进行调整，或对受控物质的生产量和消费量做进一步的调整。调整案和修正案的生效方式不同，在缔约方大会决议该项调整决定后6个月即生效，并对所有相关缔约方均具有约束力。2007年9月，《蒙特利尔议定书》缔约方大会第19次会议通过了加速淘汰HCFCs生产和消费的调整案，即发展中国家2013年实现HCFCs生产和消费的冻结，2015年削减10%，2040年全面停止生产和使用HCFCs。

《基加利修正案》将受控温室气体HFCs纳入《关于消耗臭氧层物质的蒙特利尔议定书》进行管控。HFCs不是消耗臭氧层物质，但属于强效温室气体，具有高或非常高的全球变暖潜能值，其100年全球变暖潜能值（GWP100）大约从53到14800，参见表2-1。其生产量和消费量的增长将对全球升温产生较大影响。HFCs的生产和消费主要是由于替代ODS而产生的。

《基加利修正案》的核心内容是将HFCs纳入《蒙特利尔议定书》管控物质名单，并规定减排时间表。按照《基加利修正案》的规定，受管控的HFCs分两类：①作为商品有意生产和使用的HFCs；②化工工艺过程的副产物，以及作为废弃物无意排放的HFCs。表2-1中第一类为有意生产和使用的HFCs，第二类为工艺过程中无意排放的HFCs。

表2-1 《基加利修正案》增加的受控物质

类别	物质	100年全球变暖潜能值（GWP100）
第一类		
CHF$_2$CHF$_2$	HFC-134	1100
CH$_2$FCF$_3$	HFC-134a	1430
CH$_2$FCHF$_2$	HFC-143	353
CHF$_2$CH$_2$CF$_3$	HFC-245fa	1030
CF$_3$CH$_2$CF$_2$CH$_3$	HFC-365mfa	794
CF$_3$CHFCF$_3$	HFC-227ea	3220
CH$_2$FCF$_2$CF$_3$	HFC-236cb	1340
CHF$_2$CHFCF$_3$	HFC-236ea	1370
CF$_3$CH$_2$CF$_3$	HFC-235fa	9810
CH$_2$FCF$_2$CHF$_2$	HFC-245ca	693
CF$_3$CHFCHFCF$_2$CF$_3$	HFC-4310mee	1640
CH$_2$F$_2$	HFC-32	675
CHF$_2$CF$_3$	HFC-125	3500
CH$_3$CF$_3$	HFC-143a	4470
CH$_3$F	HFC-41	92
CH$_2$FCH$_2$F	HFC-152	53
CH$_3$CHF$_2$	HFC-152a	124
第二类		
CHF$_3$	HFC-23	14800

根据《基加利修正案》的要求，中国（属于第5条国家）的减排义务为：在2024年至2028年，控制水平在基线水平的100%；2029年至2034年，控制水平在基线水平的90%；2035年至2039年，控制水平在基线水平的70%；2040年至2044年，控制水平在基线水平的50%；2045年及以后，控制水平在基线水平的20%。

我国针对这一减排义务的主要行动是采用替代品和替代技术减少HFCs在制冷空调、发泡和清洗等行业中的应用，逐步减少HFCs的生产和供应。HFCs化工生产行业面临的选择将是停止或关闭HFCs生产，或者转产其他化工产品。未来主要开展替代的行业包括：①汽车空调行业；②房间空调行业；③工商制冷和空调行业；④泡沫行业；⑤消防等其他行业。

与此同时，《基加利修正案》还规定了限制缔约方和非缔约方的贸易条款，也就是说禁止缔约方同非缔约方之间进行HFCs的进出口贸易。

上述规定为履行公约的常规义务，另外《其加利修正案》还规定缔约方需向臭氧秘书处报送HFCs生产及进出口等年度数据，以及HFC-23每处设施的年度排放数据等。

《基加利修正案》的实施，可以避免全球0.3～0.5℃的升温。加入《基加利修正案》将不仅仅是上述协议的延续，同时也象征着中国积极应对气候变化问题的努力和行动，彰显中国负责任发展中大国的形象。

成功实施30年的环境国际公约《蒙特利尔议定书》取得的显著成就获得了国际社会的高度赞誉，成为解决全球环境问题的榜样。中国自1991年加入议定书以来，一直坚持广泛开展有关《蒙特利尔议定书》的履约宣传，公众对保护臭氧层及其相关活动有相对全面的了解，营造了支持履约的良好社会舆论氛围。加入《基加利修正案》进一步深化了公众的生态环境保护意识，有利于推动形成绿色发展方式和生活方式。

当前中国是全世界最大的HFCs生产国和使用国，而且超过半数产品出口到其他国家。《基加利修正案》禁止缔约方与非缔约方之间进行HFCs贸易，也就是说，只有缔约方之间才可以进行HFCs贸易。在这一背景下，中国加入《基加利修正案》一方面将以负责任大国的态度开展HFCs替代减排，另一方面将积极推动减排过程中的技术创新，促进对环境友好的技术和设备的研发应用，以进一步维护和引领HFCs替代产品市场。

HFCs等氟化工产品的生产需要萤石氟资源。我国由于拥有独特的萤石资源，已经成为全球最大的氟化工生产基地，出口占比较高。然而由于长期过度开采，我国萤石资源消耗过快，将来可能面临氟资源枯竭的危机。管控HFCs有利于保护我国珍贵的萤石氟资源，降低资源消耗强度和速度，改变HFCs生产设施盲目无序建设的现状，促进环境保护和产业结构调整。

第三节 中国对ODS的管控要求

一、组织管理

1. 国家层面

（1）国家保护臭氧层领导小组办公室

1991年建立国家保护臭氧层领导小组，最早由18个部门组成。2018年根据最新政府机构调整，领导小组由13个部门组成，包括生态环境部、外交部、国家发展和改革委员会（发改委）、科学技术部、工业和信息化部（工信部）、财政部、交通运输部、农业农村部、商务部、应急管理部、海关总署、市场监督管理总局、中国气象局。领导小组办公室设在生态环境部。

（2）国家消耗臭氧层物质进出口管理办公室

生态环境部、商务部和海关总署三部委联合组建，办公室设在生态环境部。

（3）生态环境部《蒙特利尔议定书》履约工作协调小组和协调小组办公室（国家臭氧机构）

协调小组由生态环境部法规司、科财司、气候司、环评司、监测司、执法局、国际司、宣教司、对外合作与交流中心9个相关司局和单位组成。协调小组办公室设在大气环境司。

协调小组办公室对内承担国家保护臭氧领导小组办公室日常工作和国家消耗臭氧层物质进出口管理办公室工作，对外是中国国家臭氧机构，是公约和议定书、多边基金执委会国家联络点。

（4）行业协会和科研单位

行业协会和科研单位主要参与行业和项目企业数据调研、制定行业淘汰路线，在项目和行业计划制订与实施过程中提供技术支持，还负责协助行业监管。

2. 地方层面

省级生态环境部门及其他相关政府部门建立省级保护臭氧层机制。各级生态环境部门负责：

① 执行国家ODS法规和相关管理政策，制定辖区内相关政策，包括通过建设项目审批和环境影响评价制度控制ODS新改扩建生产项目和使用项目。

② 开展调研摸排，建立涉ODS企业数据库，摸清底数，完善企业备案；综合协调辖区内ODS履约工作，包括部门间的协调和单位内部各处室的协调等；省市县三级环保部门设立专兼职岗位；有专门的技术支持单位。

③ 打击ODS非法行为，查处违反配额管理、备案管理、ODS建设项目管理等法律法规规定的事项。

④ 组织环境管理和执法人员及相关企业培训，组织保护臭氧层宣传工作，在ODS淘汰行业计划实施过程中提供相应支持等。

二、法规体系

1. 法律

（1）《中华人民共和国大气污染防治法》（2018）

第八十五条 国家鼓励、支持消耗臭氧层物质替代品的生产和使用，逐步减少直至停止消耗臭氧层物质的生产和使用。

国家对消耗臭氧层物质的生产、使用、进出口实行总量控制和配额管理。具体办法由国务院规定。

（2）《关于办理环境污染刑事案件有关问题座谈会纪要》（2019）

2019年2月，最高人民法院、最高人民检察院、公安部、司法部、生态环境部印发通知，明确将受控ODS认定为有害物质。非法排放、倾倒、处置ODS将视情节以《中华人民共和国刑法》污染环境罪论处，追究其刑事责任。

2. 法规

（1）《消耗臭氧层物质管理条例》（法规）（2010）

2010年3月，国务院第104次常务会议通过了《消耗臭氧层物质管理条例》（简称《条例》），为ODS履约提供了系统的法律框架。

① 总量控制：国务院环境保护主管部门根据国家方案和ODS淘汰进展情况，同国务院有关部门确定ODS的年度生产、使用和进出口配额总量。

② 配额管理：ODS的生产、使用单位，应当依照本条例的规定申请领取生产或者使用配额许可证；进出口单位应当依照本条例的规定向国家ODS进出口管理机构申请进出口配额，领取进出口审批单。

（2）规章和规范性文件

进一步细化条例法规的有关规定和要求，制定了规章和规范性文件。

① 规章。根据条例第三章进出口，制定《消耗臭氧层物质进出口管理办法》（环境保护部部令第26号，2014年）。

对列入《中国进出口受控消耗臭氧层物质名录》的消耗臭氧层物质的进出口配额许可、年度进出口配额指标内进出口单位消耗臭氧层物质进出口审批，以及消耗臭氧层物质进出口数据收集、监督检查、法律责任等进行了规定。

2019年修改了部分条款，见《生态环境部关于废止、修改部分规章的决定》（2019年8月）。

② 规范性文件

a.《中国受控消耗臭氧层物质清单》：由生态环境部、发改委、工信部共同修订并于2021年10月正式发布，将HFCs纳入清单管控范围。

b.《中国进出口受控消耗臭氧层物质名录》：由生态环境部、商务部、海关总署共同修订并于2021年10月正式发布，对HFCs实行进出口许可证制度。

c.《关于加强含氢氯氟烃生产、销售和使用管理的通知》（环函〔2013〕179号）。

d.《关于生产和使用消耗臭氧层物质建设项目管理有关工作的通知》（环大气〔2018〕5号）。

ⅰ.受控用途的ODS建设项目。禁止新建和扩建生产、使用作为制冷剂、发泡剂、灭火剂、溶剂、清洗剂、加工助剂、气雾剂、土壤熏蒸剂等受控用途的ODS建设项目。

改建、异址建设生产受控用途的ODS建设项目，禁止增加消耗臭氧层物质生产能力。

ⅱ.非受控化工原料用途的ODS和有副产品CTC的建设项目。对于新建、改建、扩建生产化工原料用途的ODS的建设项目，生产的消耗臭氧层物质只能用于企业自身下游化工产品的专用原料用途，禁止用于制冷剂、发泡剂、溶剂等受控用途，不能对外销售，不能任意排放。

对于生产消耗臭氧层物质二氟一氯甲烷（HCFC-22）的建设项目，必须配套建设并同时投产运行其副产品（HFC-23）的无害化处置设施，对其全部进行无害化处置，禁止向大气直接排放。

对于新建、改建、扩建有副产品CTC的建设项目（甲烷氯化物生产企业），必须配套建设CTC处置设施，副产的CTC必须进行无害化处置，不得对外销售，不得向大气直接排放。

e.《关于控制副产三氟甲烷排放的通知》（环办大气函〔2021〕432号）。

ⅰ.自2021年9月15日起，二氟一氯甲烷（HCFC-22）或氢氟碳化物（HFCs）生产过程中副产的HFC-23不得直接排放。

ⅱ.除作为原料用途和受控用途使用外，副产的HFC-23应采用《关于消耗臭氧层物质的蒙特利尔议定书》缔约方大会核准的销毁技术尽可能销毁处置。

iii. 企业应建立HFC-23副产设施及销毁处置设施运行台账，对HFC-23产生量、销毁量、储存量、使用量、销售量等进行监测和计量，并按有关规定报送数据，具体规定将另行发布。

iv. 企业应加强HFC-23排放管理，配套HFC-23存储设施（设备）或采用其他措施，避免在销毁处置设施出现停车等紧急情况时向大气直接排放HFC-23。当HFC-23回收、存储和销毁设施无法正常运行时，应停止相应HCFC-22或HFCs的生产，防止HFC-23直接排放。

v. 企业应加强装置、设备的维护管理，防止HFC-23泄漏和排放，并接受生态环境主管部门的检查。

vi. 鼓励企业开展生产技术革新和升级改造，降低HFC-23副产率，开发推广将HFC-23作为原料用途的资源化利用技术。

f. 2021年12月28日，发布《关于严格控制新建、改建、扩建第一批受控氢氟碳化物（HFCs）生产项目的通知》，就5种HFCs受控用途新建扩建项目进行限制。根据我国政府批准加入的《基加利修正案》，我国将逐步削减氢氟碳化物（HFCs）的生产和使用。为切实履行国际环境公约、实现《基加利修正案》规定的履约目标，防止盲目新增HFCs化工生产能力，现就加强HFCs化工生产建设项目环境管理通知如下：

i. 自通知印发之日起，除环境影响报告书（表）已通过审批的，各地不得新建、扩建用作制冷剂、发泡剂等受控用途的二氟甲烷（HFC-32）、1,1,1,2-四氟乙烷（HFC-134a）、五氟乙烷（HFC-125）、1,1,1-三氟乙烷（HFC-143a）、1,1,1,3,3-五氟丙烷（HFC-245fa）五类HFCs（不含副产）化工生产设施。

ii. 已建成的上述五类HFCs化工生产设施，需要进行改建或异址建设的，不得增加原有的化工生产能力或新增上述五类HFCs产品种类。

iii. 对违反以上规定的企业，各地生态环境主管部门应会同有关部门依据有关法律法规查处。

g. 其他规范性文件。

ⅰ.《关于禁止生产以一氟二氯乙烷（HCFC-141b）为发泡剂的冰箱冷柜产品、冷藏集装箱产品、电热水器产品的公告》（生态环境部公告2018年第49号）。

ⅱ.《消耗臭氧层物质与含氟气体生产、使用和进出口统计调查制度》（国统制〔2021〕150号），有效期至2024年11月。

三、加强管理办法

1. 完善法律法规

修订《消耗臭氧层物质管理条例》，形成《消耗臭氧层物质和氢氟碳化物管理条例（修订草案征求意见稿)》，目前已完成全社会公开征求意见。

主要修订内容如下：

① 将氢氟碳化物（HFCs）纳入管控范围；

② 规定联产和副产均属于生产行为，将组合聚醚纳入使用监管范围，对受控用途和原料用途制定有针对性的监管措施；

③ 增加了关于监测与评估的内容；

④ 明确市场主体和监管者的法律责任，提高了处罚力度；

⑤ 完善配套政策措施，鼓励支持检测、监测方法的研发应用。

2. 制定相关规划建议和政策

生态环境部制定的《"十四五"生态环境保护规划》，已经将加强消耗臭氧层物质（ODS）和氢氟碳化物（HFCs）环境管理纳入其中。

① 部内印发《消耗臭氧层物质和氢氟碳化物环境管理"十四五规划"建议与任务分工》。

② 向科技、商务、海关等部门印发了将ODS和HFCs环境管理纳入相

关规划的建议，充分发挥国家保护臭氧层领导小组相关部门的作用，形成国家履约合力。

③ 印发《2021年〈蒙特利尔议定书〉履约工作任务分工》（大气函〔2021〕9号）。

④ 制定相关政策：《中国含氢氯氟烃替代品推荐名录》；药用吸入式气雾剂行业计划禁令；聚氨酯泡沫行业管道子行业和太阳能热水器行业禁止使用HCFC-141b作为发泡剂的禁令。

3. 修订HCFCs行业淘汰管理计划

涉及生产线改造、替代技术研究和替代路线选择、标准制修订、政策制定、技术援助活动等。

①《中国含氢氯氟烃（HCFCs）生产行业淘汰管理计划（2021—2026）》；

②《中国聚氨酯（PU）泡沫行业第二阶段HCFCs淘汰管理计划（2021—2026）》；

③《中国挤出聚苯乙烯（XPS）泡沫行业第二阶段HCFCs淘汰管理计划（2021—2026）》；

④《中国清洗行业第二阶段HCFCs淘汰管理计划（2021—2026）》；

⑤《房间空调器和家用热泵热水器行业第二阶段HCFCs淘汰管理计划（2021—2026）》；

⑥《中国工商制冷空调行业第二阶段HCFCs淘汰管理计划（2021—2026）》；

⑦《中国制冷维修行业第二阶段HCFCs淘汰管理计划及能力建设项目（2021—2026）》。

4. 修订《中国逐步淘汰消耗臭氧层物质国家方案》

1993年国务院颁布了《中国逐步淘汰消耗臭氧层物质国家方案》，作为国家履约行动的指导性文件，1999年对其进行了更新，此后20年内再未更新或修订。

① 制定《中国履行蒙特利尔议定书国家方案》修订工作案。

② 成立修订编写组和专家组。

③ 2020年启动修订《中国逐步淘汰消耗臭氧层物质国家方案》，已完成初稿。

5. HFCs管控准备

① 开展HFCs管控国家战略研究。

② 研究修订《中国受控消耗臭氧层物质清单》（2021年第44号公告）、《中国进出口受控消耗臭氧层物质名录》、《消耗臭氧层物质与含氟气体生产、使用和进出口统计调查制度》。

③ 建立并实施HFCs进出口许可证制度等：修订名录；进出口审批系统增容改造；进出口企业摸底调查等。

6. 做好ODS配额许可、备案管理

① 每年年初发放和年中调整配额。

② 建设ODS数据信息管理系统，在现有的HCFCs在线信息系统基础上进行全面更新，逐步实现企业在线数据报送。

③ 强化配额发放和备案管理，制定配额核发细则和备案管理工作规则，印发《消耗臭氧层物质生产、使用配额核发工作细则》（大气函〔2021〕13号）。

7. 加强ODS进出口监管

（1）ODS进出口审批

2021年进出口办共受理出口审批5274批次，出口审批量20.73万吨。其中ODS出口审批2564批次，出口审批量为12.48万吨；HFCs出口审批2710批次，出口审批量为8.25万吨。共受理进口审批113批次，其中ODS类物质共进口审批27批次，HFCs类物质共进口审批86批次。

（2）加强ODS进出口监督执法

实施海关能力加强项目"中国海关打击ODS非法贸易执法能力加强"（Ⅲ期）项目，由4个项目海关和4个海关缉私局共同完成。与海关总署联合建设打击ODS执法合作中心。

8. 提高科技支撑能力

（1）公约受控卤代烃减排成效评估和预测预警研究项目

项目期2020～2022年，主要研究动态排放清单构建及其排放管控、重点受控卤代烃的关键监测技术研究和应用、履约成效评估及受控卤代烃大气浓度预测预警方法和三氟甲烷减排技术等。项目研发了高精度监测样机并进行了应用，研发了HFC-23转化HCFC-22技术并进行了示范应用等。

（2）《蒙特利尔议定书》中国履约专家组

2020年1月，正式成立了议定书履约专家组，由"科学评估专家组"（21人）和"技术和经济评估专家组"（45人）组成。2020年，完成首批11个研究项目。

9. 加大全国培训力度

2019年1月、12月，2020年12月，2021年7月，四期ODS淘汰管理培训班，培训来自各省厅（局）大气管理部门和技术支持人员共约1000人。

2019年4月、6月、9月、12月和2020年7月，五期执法人员培训班，培训全国省、市、县三级环境执法人员共计670余人。

每年召开海关缉私警察培训班、商务配额许可证发证人员培训班、ODS进出口企业培训班。

10. 履约监测

① 2019年正式启动规划建设ODS大气监测网络，组织研发大气中ODS高灵敏度监测设备。2021年6月11日，生态环境部与中国气象局签署

《〈蒙特利尔议定书〉受控物质监测和履约评估合作协议》。

② 根据《2020年国家生态环境监测方案》，结合国家光化学监测网，开展部分城市大气中ODS浓度监测。

a. 监测种类有CFC-11、CFC-12、CFC-113、CFC-114和CTC。

b. 19个城市开展手工监测，包括北京、天津、石家庄、太原、济南、上海、重庆、南京、杭州、郑州、广州、成都、青岛、深圳、沈阳、大连、武汉、宁波、连云港。

c. 7个城市开展在线监测，包括北京、天津、雄安、石家庄、太原、济南、郑州。

③ 制定和完善相关ODS工业产品监测方法标准。发布《液态制冷剂CFC-11和HCFC-123的测定　顶空/气相色谱-质谱法》（HJ 1194—2021）、《气态制冷剂 10种卤代烃的测定　气相色谱-质谱法》（HJ 1195—2021）、《工业清洗剂 HCFC-141b、CFC-113、TCA和CTC的测定　气相色谱-质谱法》（HJ 1196—2021）、《工业用化学产品中消耗臭氧层物质监测技术规范》（HJ 1197—2021）四项生态环境标准。

11. 国际合作、宣传和公众意识提升

对外报告：

① 通过在线数据申报系统向臭氧秘书处报送ODS、HFCs年度数据，向多边基金秘书处报告国家方案数据。

② 视情况向臭氧秘书处报送非法生产、使用、贸易案件信息。

③ 向臭氧秘书处报告HFCs进出口许可证制度建立和实施情况。

参考文献

[1] 国家环境保护总局保护臭氧层领导小组. 第十一次《蒙特利尔议定书》缔约方大会在京隆重举行 [J]. 中国保护臭氧层行动（内部简报），1999, 12(54): 2.

[2] 国家环境保护总局保护臭氧层领导小组. 大会通过《蒙特利尔议定书》北京修正案 [J]. 中国保护臭氧层行动（内部简报），1999, 12(54): 4.

[3] 我国正式接受《〈关于消耗臭氧层物质的蒙特利尔议定书〉基加利修正案》[J]. 环境与生活，2021, 161: 6.

[4] 王倩. 中国加入《基加利修正案》后的氢氟碳化物（HFCs）进出口管控措施初探 [J]. 环境与可持续发展，2021, 3: 170.

第三章

制冷行业淘汰 ODS 管理

第一节　涉消耗臭氧层物质制冷剂分类

制冷行业（包括工商制冷和室内空调）是当前含氢氯氟烃消耗量最多的行业之一。制冷剂，又称冷媒、致冷剂、雪种，是各种热机中借以完成能量转化的媒介物质。制冷剂的发展和使用可分为四个阶段：1800～1860年，主要制冷剂有CO_2、氨和甲醚；1861～1930年，主要有NH_3、H_2O、CO_2、氯甲烷等。上述制冷剂大多有毒或可燃，或既有毒又可燃，有一些制冷效率差。1931～1990年，主要使用氯氟烃（CFC-11、CFC-12）、氢氯氟烃（HCFC-22、HCFC-142b等）、氢氟烃（HFCs）以及一些自然制冷剂（NH_3和H_2O）等。1991～2010年，开始重视臭氧层的保护，主要使用对臭氧层无破坏作用或破坏作用较小的制冷剂，包括烃类（HCs）、氢氯氟烃（HCFCs）、氢氟烃（HFCs）以及自然制冷剂。2011年至今，选择的替代制冷剂主要包括零ODP和低GWP的HFCs和不饱和氢氟烃类（氢氟烯烃HFOs）、混合制冷剂、烃类（HCs）以及一些自然制冷剂，如丙烷（R290）、丁烷（R600）、异丁烷（R600a）等，氨（R717）和二氧化碳（R744）等。制冷剂发展历程见表3-1。

表3-1　制冷剂发展历程一览表

时间	选择标准	名称
第一代 （1800～1930年）	能用即可	NH_3、H_2O、CO_2、SO_2、CCl_4 等
第二代 （1931～1990年）	安全性和持久性、高效	CFCs（CFC-11、CFC-12、CFC-114、CFC-115），HCFCs（HCFC-22、HCFC-141b、HCFC-142b、HCFC-123、HCFC-124），HFCs以及一些自然制冷剂（NH_3、H_2O）等
第三代 （1991～2010年）	臭氧层保护 （零ODP）	烃类（HCs），HFCs［HFC-134a、HFC-32、HFC-152a、HFC-143a、HFC-125等及其混合物R407C（HFC-32/HFC-125/HFC-134a，23%/25%/52%）、R410A（HFC-32/HFC-125，50%/50%）、R404A（HFC-125/HFC-143a/HFC-134a，44%/52%/4%）和R507C（HFC-125/HFC-143a，50%/50%）］以及自然制冷剂

时间	选择标准	名称
第四代 （2011年至今）	应对全球变暖 （零ODP，低GWP）	HFCs和氢氟烯烃［HFOs：R1234yf、R1234ze（E）、R1233zd（E）］，混合制冷剂，烃类（HCs）以及一些自然制冷剂［如丙烷（R290）、丁烷（R600）、异丁烷（R600a）等，氨（R717）和二氧化碳（R744）等］

制冷行业是《蒙特利尔议定书》规定禁止、配额生产和消费ODS的重点行业之一，也是《基加利修正案》受控的HFCs的重点行业之一。制冷剂的相关产品可以分为以下三类。

第一类是氯氟烃产品，也被称为氟利昂制冷剂，简称CFCs，主要包括CFC-11、CFC-12、R500（CFC-12和HFC-152a的混合物），其对臭氧层的损耗程度非常大，是《蒙特利尔议定书》规定在全球范围内彻底淘汰的ODS产品。按照议定书内容，在2010年，发展中国家要全面淘汰CFCs。

第二类是氢氯氟烃产品，简称HCFCs，主要包括HCFC-22、HCFC-142b、HCFC-123、HCFC-124。1990年各国政府签署的《〈蒙特利尔议定书〉伦敦修正案》，将HCFC定义为过渡性物质，是CFCs的过渡替代产品，按照修正案要求，发展中国家在2015～2020年，需要在基线水平上削减35%的HCFCs消费量。

第三类是氢氟烃产品，简称HFCs，主要包括HFC-23、HFC-32、HFC-134a、R404A（HFC-125、HFC-134a和HFC-143a的混合物）、R407C（HFC-32、HFC-125和HFC-134a的混合物）、R410A（HFC-32和HFC-125的混合物）、R408A（HCFC-22、HFC-125和HFC-143a的混合物）、R401B（HCFC-22、HFC-152a和HCFC-124的混合物）、R507A（HFC-125和HFC-143a的混合物）、R407D（HFC-32、HFC-125和HFC-134a的混合物）。2019年1月1日起《〈蒙特利尔议定书〉基加利修正案》正式生效。按照修正案的要求，自修正案生效之日起，针对大部分的发达国家，HFCs的消费和生产须削减：第一年在基线水平上削减10%，到2036年要削减到85%；针对大部分的发展中国家，2024年开始冻结HFCs的消费和生产，并从2029年开始削减，到2045年削减80%。

我国从加入《蒙特利尔议定书》后，开展了相关评估，并开展了涉及的履约各行业淘汰 ODS 的研究和替代工作，包括制冷剂行业，对 ODS 削减做出了相应的贡献并产生了相应的环境效益。

第二节　制冷原理及常见制冷设备

一、制冷原理

制冷设备的作用主要是通过设备的工作循环将物体及其中的热量移出，造成并维持一定的低温状态，主要包括直接制冷和间接制冷两种方式。直接制冷是将制冷机的蒸发器安装在制冷装置中，通过制冷剂的蒸发直接将其中的空气冷却，利用冷空气对物体进行冷却。直接制冷因其制冷速度快、传热温差小、系统比较简单，故应用也比较广泛。间接制冷是靠制冷机蒸发器中制冷剂的蒸发，从而使载冷剂冷却，再将载冷剂输入制冷设备中，通过换热器冷却其中的空气。间接制冷虽具有冷却速度慢、总传热温差大、系统较复杂的缺点，但在盐水制冰和温度要求恒定的冷库等制冷中有较多应用。

通常所说的制冷技术是借助于一定的制冷装置，以消耗外界的机械能、热能、太阳能、电磁能等为代价，遵照热力学第二定律，把热量从低温系统向高温系统转移，从而实现低温状况，并维持这个低温环境，最终达到制冷的目的。制冷按工作原理主要分为压缩制冷、吸收制冷、吸附制冷和蒸气喷射制冷等。具体工作原理如下。

1. 压缩制冷的原理

压缩制冷是利用制冷剂相态变化过程中的吸热和放热现象，借助压缩机的抽吸压缩、冷凝器的放热冷凝、节流阀的节流降压、蒸发器的吸热汽化的往复循环过程，达到制冷效果。压缩制冷系统主要由压缩机、冷凝器、

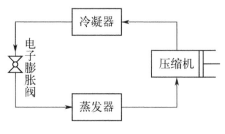

图3-1　压缩制冷系统工作流程

膨胀阀和蒸发器组成。压缩制冷系统工作流程如图3-1所示。气态制冷剂被压缩机吸入压缩为高温高压的气体，然后经冷凝器冷却后成为高温中压的气态或气液共存的状态，再经过膨胀阀降压后成为低温低压的液态，最后进入蒸发器进行换热，吸收外界热量，蒸发成为低压低温的气态制冷剂，完成一个制冷循环，如此循环往复。

2. 吸收制冷和吸附制冷的原理

吸收制冷技术是通过热能驱动利用液态制冷剂在低压低温状态下汽化吸热来制冷。与压缩制冷技术相同的是通过汽化吸热制冷，不同的是它的驱动源为热源而不是使用电能来完成制冷过程。它是依靠液态制冷剂在蒸发器内汽化吸热，迫使热量不断由低温传向高温的制冷技术，是常用的制冷方法之一。

吸收制冷采用两种沸点相差较大的物质组成二元溶液作为工作流体（制冷剂-吸收剂），称为吸收工质对，以高沸点者为吸收剂、低沸点者为制冷剂。整个制冷系统主要由吸收器、循环泵、发生器、冷凝器、节流阀和蒸发器等部件组成，其制冷循环过程如图3-2所示。吸收制冷循环的全过程由热水循环、溶液循环和制冷剂循环构成，三个循环联合运行完成制冷剂的解吸、冷凝、蒸发、吸收过程。热水循环为制冷系统提供热源，热源可以是太阳能、工业余热机、城市供热管网换热站等。溶液循环的作用与压缩制冷中压缩机的功能相同，利用发生器与吸收器完成制冷剂的解吸和吸收过程。制冷剂循环为制冷系统内制冷剂的循环回路。整个循环过程可归纳为：热源加热发生器，启动热水循环，解析出溶液中低沸点的制冷剂蒸气，并同时启动溶液循环和制冷剂循环。制冷剂蒸气进入冷凝器,吸收剂进入溶液换热器热侧后经电子膨胀阀2降压进入吸收器。进入冷凝器的制冷剂蒸气换热冷凝成液态,经电子膨胀阀1节流降压进入蒸发器,液态制冷剂在蒸发器内蒸发吸热后变为气态进入吸收器,与吸收剂完成吸收过程,完成一次制冷剂循环。二元溶液经溶液循环泵进入溶液换热器冷侧与热侧流体进行逆流换热,换热后回到发生器内开始下一次解吸,此时完成一次溶液循环。

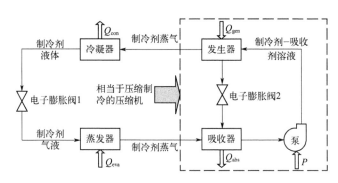

图3-2 吸收制冷循环原理

与传统的压缩式冷却器相比,吸收制冷系统无原动力,直接使用热源,循环泵只需要少量电力,大大节约了电能,而且系统简单,容易实施。

按工质的不同,吸收制冷主要有氨-水吸收制冷(图3-3)和水-溴化锂吸收制冷两类。吸收制冷具有直接利用热能来制冷,耗电甚少,噪声低,安全性高,调节范围广和使用寿命长等一系列优点。适用于有热源或有余热可供利用的场合,也可使用太阳能(图3-4)。并且吸收制冷系统使用自

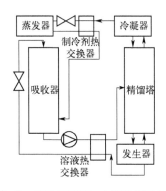

图3-3 传统单级氨-水吸收制冷系统

然工质，如氨和水，其GWP（全球变暖潜能值）和ODP（臭氧消耗潜势）均为0，对生态环境友好。因此，吸收制冷系统是节能减排非常好的选择。

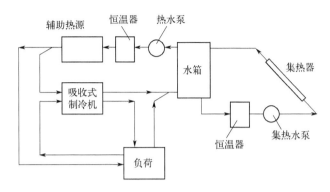

图3-4　典型太阳能吸收制冷系统

吸附制冷是以热量为驱动能量，以一种物质对另一种物质的吸附和脱附效应为驱动力，利用制冷剂液体在汽化时产生的吸热效应的制冷方式。吸附系统与吸收系统非常相似，也是利用二元或多元工质对实现制冷循环，制冷循环系统如图3-5所示。与吸收系统的主要区别在于吸附系统的吸附剂是固体微孔物质，而不是吸收式制冷机中的溶液。从工质的角度，常见的吸附制冷系统分为物理吸附、化学吸附和复合吸附三种类型。常见的物理吸附工质对有 CH_4-C、NH_3-C、H_2O-$mSiO_2 \cdot nH_2O$ 等；化学吸附工质对有 NH_3-$NiCl_2$、NH_3-$CaCl_2$ 等；复合吸附工质对有 $CaCl_2$-C。

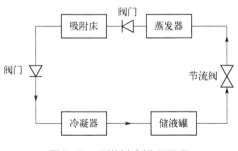

图3-5　吸附制冷循环原理

在吸附系统中，吸附剂需要被交替加热和冷却，以使它能够解吸和吸附制冷剂。整个系统由吸附床、蒸发器、冷凝器、储液罐、单向阀、节流阀组成。制冷剂在蒸发器中吸热后变成气体然后被吸附床内的吸附剂吸附。吸附床被加热后，制冷剂脱附流入冷凝器被冷却为液态流向储液罐。与吸收制冷相似，吸附制冷系统的热源也可以使用太阳能、工业废热或生活废热，不消耗电力，且吸附剂采用硅胶、沸石等环境友好材料，不需要循环泵，结构更简单，而且不会产生严重的结晶，因此没有温度限制，克服了吸收制冷系统对系统设备和运行的要求严格的缺点。但吸附系统设备占地面积大，不易于小型化，同时吸附制冷剂吸附和脱附过程比较缓慢，制冷循环周期较长，制冷效率和制冷量相对较小。

3.蒸气喷射制冷的原理

喷射制冷也是通过制冷剂吸热汽化来制冷，它的组成部件有发生器、蒸发器、喷射器、冷凝器、节流阀和循环泵，循环原理如图3-6所示。喷嘴、吸入室、混合室和扩压室是喷射器的四个重要组成部分。喷射制冷系统利用了流体的气体动力学原理，工作过程为：低温热源通过发生器将热量传递给制冷剂，使其变成高温高压的蒸气后送入喷嘴，膨胀并以高速（流速可达1000m/s）流动，在喷嘴出口处形成较低的压力区，使蒸发器中的制冷剂在低温下蒸发，由于制冷剂的汽化不断从未汽化部分中吸收潜热，使得汽化的制冷剂温度降低，这部分低温制冷剂便可用于调节空气温度或其他生产过程。蒸发器中产生的低温低压制冷剂和高温高压制冷剂在混合室内充分混合，再经扩压室的降速扩压作用，变成一股压力较高的流体，

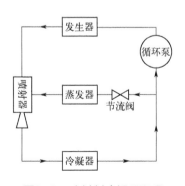

图3-6 喷射制冷循环原理

再进入冷凝器冷凝为液体。冷凝后的液体一部分经循环泵增压后流回发生器继续用于驱动整个系统，另一部分被节流装置减压后重新流入蒸发器吸收冷媒水的热量，周而复始达到连续制冷的效果。

喷射制冷系统可用制冷剂比较广泛，包括单一工质和混合工质。喷射制冷系统与吸收制冷系统和吸附制冷系统相比，制冷效率相对较高。除此之外，还有如下特点：热能为补偿能量形式，可以不用电能；结构简单，成本较低；使用寿命较长，可以用于大型化生产；不需要吸附-解吸、吸收-解吸过程，循环周期短、过程快；制冷剂为气态或液态，不存在结晶现象，对机组运行和操作要求低；在工作运行时，若少量的不凝性气体存在于系统中时，对整个系统性能的影响并不大；系统设备占地面积不大，易于设备小型化。其不足之处在于工作所需蒸气压力高，喷射器流动损失大，且当工作蒸气压降低时制冷效率明显降低。喷射制冷系统利用回收的余热或者太阳能使制冷剂加热成高温高压的蒸气，来引射低温低压的流体，使制冷剂蒸发吸热从而达到制冷的目的，与传统压缩制冷系统相比，它不是通过电能驱动，这使得能源的利用率得到了有效的提高，从而有利于缓解和解决目前能源短缺的现状和问题。国际能源署已经认定由低品位能源驱动的喷射制冷系统是未来技术，是环境友好型的制冷系统。

不同的制冷剂决定了喷射器结构的不同，对喷射器性能也有影响，所以需要选择合适的制冷剂。早期的喷射制冷系统都是以水为制冷剂，它具有较高的蒸发热，价格低廉，对环境的影响极小，但水的体积比较大，需要大直径的管道来最小化压力损失且蒸发温度限制在0℃以上，导致实际制冷系统中很少使用。但它成本低、易获取、化学稳定性好、使用安全和研究过程具有代表性，在实验装置中经常使用水。

二、常见制冷设备

制冷设备根据应用场景，可分为家用制冷设备、商用制冷设备和工业用制冷设备。常见的家用制冷设备有家用空调、电冰箱、家用冷柜等；工商业用主要制冷设备有工业制冷设备、中央空调和冷冻冷藏设备等。

第三节　新型制冷剂的应用

自第二代制冷剂发明后，CFCs 和 HCFCs 大量使用，对臭氧层造成极大破坏的同时也加剧了温室效应，一系列严重后果促使人们开始着力于研究对环境友好的新型替代制冷剂。研究新型制冷剂，开发适合我国发展现状的替代制冷剂，不仅关系着我国空调行业的发展方向，也关乎我国践行应对气候变化的国际承诺。

第一代和第二代制冷剂对臭氧层有严重的破坏作用，发达国家已经基本淘汰，发展中国家正在逐步淘汰；第三代制冷剂因对臭氧层没有破坏作用而成为主流，但因其高 GWP 将被逐步替代。新型替代制冷剂在继承第三代制冷剂优良特性的基础上，更加注重环保性，具有低的总当量变暖影响值（TEWI）。TEWI 是直接影响和间接影响的总和，而制冷剂自身 GWP 是 TEWI 的主要直接因素。《基加利修正案》的颁布加速推动了第四代制冷剂的推广与使用。第四代现有制冷剂 HFO 具有零 ODP 和极低的 GWP，被认为可以作为 HFCs 的替代品。美国霍尼韦尔和杜邦公司共同研制了 R1234yfHFOs 制冷剂，其 GWP 仅为 4，比 R134a 低 99.7%。但其热力性能比 R134a 要略低且具有微可燃性，除直接替代 R134a 用于车辆空调外，在很多领域应用受限，进而衍生出一批 HFOs 混合制冷剂。

常见的 HCFCs 及 HFCs 制冷剂与部分新型环保替代工质的参数对比如表 3-2 所示。根据《蒙特利尔议定书》要求，新型制冷剂 ODP 必须为 0，而 GWP 尽可能低，R22 和 R134a 等物质不满足该要求将面临逐步淘汰。天然制冷剂 R744、R290、R600a、R1270，以及 HFOs 合成制冷剂 R1234yf、R1234ze 都具有良好的环保性。HFOs 具有较安全的物理性质，且 GWP 极低，但其生产成本较高，目前较难在我国推广使用。天然制冷剂生产成本低，但大多数易燃，具有一定的安全隐患。二氧化碳具有良好的安全性且成本较低，但其较低的临界温度以及较高的工作压力为系统的研究设计带来了一系列的问题。

表3-2　常见工质与新型环保工质参数对比

工质	ODP	GWP	临界温度/℃	安全等级	常见应用领域
R22	0.055	1500	96.2	A1	家用空调、热泵、大型空调
R134a	0	1430	101.1	A1	汽车空调、热泵、大型空调、冷库
R32	0	675	78.4	A2	家用空调
R410A	0	2025	72.5	A1	家用空调
R744	0	1	31.1	A1	汽车空调、热泵、大型空调
R1270	0	0	91.4	A3	小型制冷设备
R290	0	20	96.7	A3	家用空调、热泵、冰箱
R600a	0	20	134.7	A3	冰箱、冷柜
R1233zd	0.00034	4.5	165.6	A1	大型空调
R1234yf	0	4	94.7	A2L	汽车空调、家用空调
R1234ze	0	4	109.4	A1	大型空调

第四节　制冷行业的ODS回收及再生利用

一、制冷剂的回收

制冷剂排放到环境中的途径主要有以下四个：制冷设备生产调试产生的废弃制冷剂，制冷设备维修、移装过程排放的制冷剂，制冷电器报废产生的废弃物以及小包装制冷剂使用后的残留。其中设备维修、移装、报废过程以及制冷剂罐残留导致的制冷剂排放，由于难以发现、监管困难、回收经济效益低、技术难度高，这些环节中的制冷剂回收做得很不到位，成为制冷剂排放的主要来源。

制冷剂回收的基本原理是通过建立回收端和被回收端两端的压差来实现制冷剂的转移。制冷剂回收方法可以分为冷却法、压缩冷凝法、吸附法、液态推拉法和复合回收法，5种回收方法的原理如图3-7所示。

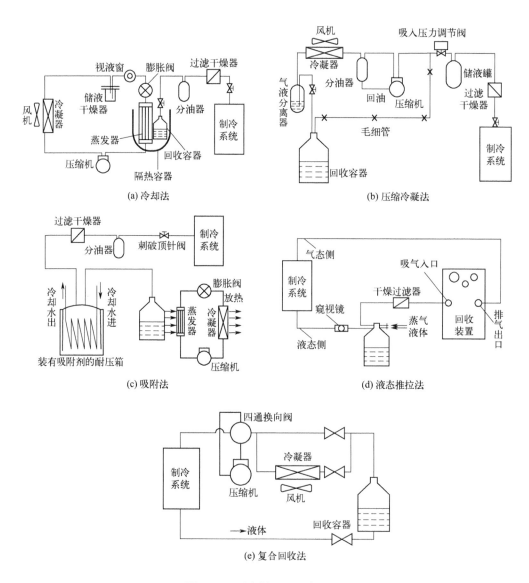

图 3-7　制冷剂回收方法原理

这5种方法在制冷剂回收形态、回收纯度、回收速度等方面有很大不同，导致其适用于不同的回收场景。冷却法、压缩冷凝法、吸附法均以气态形式对制冷剂进行回收，它们共同的优点是回收制冷剂纯度较高，制冷剂回收彻底，缺点是回收速度慢、时间长。除此之外，压缩冷凝法具有能耗低、回收速度快于冷却法的优点，是最为广泛应用的制冷剂回收方式。吸附法具有安全系数高、回收装置便携的优点，在船舶制冷设备维修中有较好的应用前景。液态推拉法以液态形式对制冷剂进行回收，具有最快的回收速度，因此适用于大中型制冷设备中的制冷剂回收，缺点是无法去除制冷剂回收前所含有的润滑油、水分等杂质，无法对制冷系统内的制冷剂进行全部回收，只能回收大部分液态制冷剂。复合回收法的优点是回收速度快、效率高、制冷剂回收彻底，适用于制冷剂充注量在5kg以上的大型制冷设备中的制冷剂回收，缺点是现存回收设备中液态与气态回收模式的切换没有依据，由操作人员凭经验掌握，难以保证达到最佳的回收效率与回收率。

二、回收制冷剂的再生利用

对回收后的制冷剂进行再生利用是最理想的处理方式。回收后的制冷剂分为可再生制冷剂和不可再生制冷剂。氧化程度高、再生困难的制冷剂及难以分离的制冷剂混合物都属于不可再生制冷剂，必须破坏处理。回收的制冷剂中含有一定量的水、润滑油、颗粒物和不凝性气体等，再利用前需净化去除，否则会对制冷装置的工作性能带来不利影响。制冷剂净化前需进行纯度检测，纯度大于96%直接利用，纯度在75%～95%选择性净化，纯度小于75%需进行制冷剂净化。制冷剂净化再生主要有以下两种途径。

1. 简易再生

简易再生主要包含三个步骤：除油、干燥、不凝气分离。

除油的目的是去除溶解在制冷剂中的压缩机润滑油。制冷剂在制冷系统长期运行过程中，与压缩机润滑油会有直接接触，由于制冷剂与润滑油通常具有良好的互溶性，制冷剂回收过程中会连同润滑油一起回收，导致回收的制冷剂中润滑油含量超出可再生的标准，因此需要将其分离出来，以免影响再次利用。

干燥的目的是去除制冷剂中的水分。制冷剂中含有水分不仅影响其自身的热力学性质，降低制冷效率，还会腐蚀设备，产生固体残渣，也会由于温度和压力骤降在制冷循环系统的膨胀阀处冷冻凝结，影响管道畅通。因此，去除水分是制冷剂再生中的必要环节。

不凝气分离的目的是去除制冷剂中的空气。制冷系统中的不凝气主要指空气，在制冷系统内循环时容易聚集在换热器内部，降低换热效率，增大压缩机功率和功耗。

2. 蒸馏再生

蒸馏再生技术利用制冷剂和各杂质的沸点不同进行蒸发分离，针对制冷剂组分的不同分为简易蒸馏和分馏精制两种技术。

简易蒸馏适用于单组分制冷剂的再生提纯。单组分制冷剂除油分、水分、不凝气之外不含有其他种类的制冷剂。简易蒸馏的原理是：回收制冷剂受热蒸发后产生的制冷剂蒸气经由过滤器、分油器初步去除颗粒与油分，随后被压缩机加压为高压高温蒸气，于热交换器处冷凝为液体，最后经过干燥过滤器、脱酸装置和不凝气分离装置流入储液罐，如图3-8所示。

简易蒸馏可以对回收的制冷剂中所含的颗粒、油、酸分、水分进行有效的去除，使纯度达到再次利用的要求。简易蒸馏的优点是流程简单、设备成本低、占地少；不足之处在于再生后的品质受回收时制冷剂纯度高低的限制，没有分馏精制的再生纯度高。

分馏精制用于多组分制冷剂的再生，多组分制冷剂中混合了多种制冷剂。分馏精制的原理是：回收制冷剂经由过滤器进入分馏塔，在分馏塔内根据不同组分的沸点不同进行分馏，随后通过脱酸、脱水装置，流入贮存容器贮存，如图3-9所示。

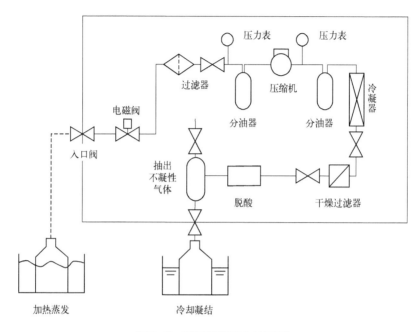

图3-8　简易蒸馏再生法原理

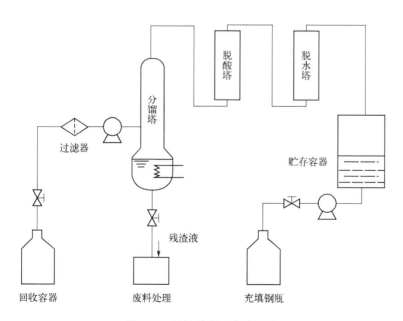

图3-9　分馏精制再生法原理

分馏精制再生的优点在于对颗粒、油、酸分、水分、不凝气、蒸发残留物、氟利昂分解生成物等都有优秀的去除能力，并且能对不同种类的制冷剂进行分离，其再生品质可达到新品标准；缺点在于分馏塔造价、能耗高，占地面积大，更适用于大量制冷剂的处理。

3.销毁

不可再生制冷剂必须加以销毁，进行无害化分解处理。目前主要采用的制冷剂销毁方式有等离子体法、燃烧法、水泥窑焚化法、高温水蒸气热分解法、过热蒸气反应法、液体中燃烧法和液体喷射焚化法。采用上述销毁方式可使制冷剂的销毁和去除效能值均达到99.99%。等离子体法使用10000℃以上的等离子体火焰加热制冷剂使其分解为氯化氢和氟化氢，分解物通过氢氧化钙中和得到可利用的氯化钙和氟化钙；燃烧法利用现有的普通燃烧炉，让制冷剂在900℃的炉内燃烧分解，是较易推广的一种销毁方式；水泥窑焚化法通过水泥原料石灰的烧结过程将制冷剂进行分解，窑内温度需达1400℃，制冷剂的分解产物氯化氢和氟化氢会被碱性的石灰吸收；高温水蒸气热分解法利用高温水蒸气分解制冷剂，分解产物中和处理后可回收再利用，运行费用较低；过热蒸气反应法将制冷剂蒸气和水蒸气混合物在常压下加热至650℃，然后送入反应器中分解，分解产物为盐酸、碳酸等；液体中燃烧法是使丙烷和空气的混合物燃烧，然后将制冷剂注入火焰中使其被破坏，分解产物直接由吸收水槽吸收；液体喷射焚化法将液态氟利昂与辅助燃料雾化后喷入炉膛，与空气混合燃烧，炉内温度需达到约1500℃。

第五节 制冷剂回收政策和措施

我国制冷剂回收起步晚，政策制定和措施实施均处于初步阶段。制冷剂使用方面，我国于2010年出台《消耗臭氧层物质管理条例》，对消耗臭氧层物质的使用和消费做出规定，要求制冷设备维修、报废时对ODS进行回收、再生利用或销毁，并上报环境部门备案。废弃制冷设备方面，于2009年颁布《废弃电器电子产品回收处理管理条例》，是针对废弃电器电子产品回收处理的纲领性文件，不涉及各类废弃设备的具体处理指导；2010年颁布《废弃电器电子产品处理污染控制技术规范》，提出对废弃冰箱、空调器的拆解应当"先抽取制冷设备压缩机中的制冷剂及润滑油"，抽取的混合物经分离后将制冷剂存放于密闭压力钢瓶内并交给具有相关资质的企业或危险废物处理厂进行处理。2017年，我国发布了《生产者责任延伸制度推行方案》，从制冷设备生产者端入手，支持企业建立废弃电器电子产品的新型回收体系，通过销售网络建立逆向物流回收体系。其中，6家家电企业已于2016年成为试点企业，进行方案推行。

与我国相比，日本、欧盟及美国等国家和地区在制冷剂回收政策与措施方面起步早，已经相对完善。日本制冷剂回收通过全面完善的立法和由行业领头企业自发建立制冷回收体系，具有全球最高的制冷剂回收率；欧盟主要以立法的形式推动各成员国立法、制定具体制冷剂回收政策；美国制冷剂回收政策依次从美国国会、美国环境局和美国制冷行业三个层面制定和落实。

国内外针对制冷剂及相关制冷设备的回收政策如表3-3所示。日本的制冷剂回收政策是按照回收对象不同进行分类，各类别之间的管理互相独立，分别由不同机构进行制冷剂回收工作并统计回收量。欧盟和美国的回收政策一方面是限制制冷剂的使用和消费，并要求在制冷设备使用和维修过程中对制冷剂回收；另一方面是要求对废弃制冷设备中的残余制冷剂进行回收。我国主要采取跟欧盟和美国相似的政策制定思路，借鉴欧盟和美国率先提出的生产者责任延伸制度，但在具体回收标准等的制定上目前仍存在空白，因此亟需借鉴发达国家经验，完善回收政策，规范回收过程，研发先进的处理技术。

表3-3　国内外制冷剂及相关制冷设备的回收政策对比

国家或地区	回收政策和措施
日本	氟利昂排放抑制法； 机动车回收法； 加点回收利用法
欧盟	关于消耗臭氧层物质的法规； 含氟气体指令； 废弃电子电器设备指令
美国	资源保护和循环利用法； 清洁空气法； 绿色冷链项目； 有责任地废弃制冷剂项目
中国	消耗臭氧层物质管理条例； 废弃电器电子产品回收处理条例； 生产者责任延伸制度推行方案

参考文献

[1] 李革. 制冷剂的替代及相关问题分析 [J]. 大连水产学院学报，2004(1): 53-57.

[2] 许晨怡，郭智恺，史婉君，等. HFOs制冷剂在制冷空调领域的替代研究综述 [J]. 制冷与空调，2019, 19(8): 1-13.

[3] 史婉君，张建君，郈春利，等. 浅析我国制冷剂标准的发展 [J]. 制冷与空调，2016, 16(3): 83-87.

[4] 金明元. 碳氢制冷剂项目商业计划书 [D]. 大连：大连理工大学，2019.

[5] 刘红平. 制冷设备电气控制系统研究 [J]. 建筑工程技术与设计，2018(1): 1020.

[6] 李荣华. 冷冻冷藏技术及制冷设备分析 [J]. 南方农机，2017(24): 69.

[7] 郭静. 替代制冷剂在空调系统中的性能预测研究 [D]. 天津：天津大学，2015.

[8] 陈鑫. 基于R134a-DMF的吸收式制冷循环系统研究 [D]. 济南：山东建筑大学，2021.

[9] 温海棠. 单效溴化锂吸收式制冷系统动态建模与优化控制 [D]. 天津：天津大学，2020.

[10] 王如竹，代彦军. 太阳能制冷 [M]. 北京：化学工业出版社，2007.

[11] 徐建华，胡建信，张剑波. 中国ODS的排放及其对温室效应的贡献 [J]. 中国环境科学，2003(4): 28-31.

[12] 高洪亮. 绿色替代制冷剂制冷性质的计算及应用 [M]. 郑州：黄河水利出版社，2005.

[13] 杜帅. 氨水吸收式制冷系统的内部回热研究 [D]. 上海：上海交通大学，2015.

[14] 徐震原. 基于太阳能利用的溴化锂-水变效吸收式制冷的循环与系统研究 [D]. 上海：上海交通大学.

[15] 潘小凯. 低温热源驱动的蒸汽喷射式制冷系统实验研究 [D]. 徐州：中国矿业大学，2021.

［16］张晓丹，郎贤明，刘忠赏. 新型替代制冷剂的应用与分析［J］. 制冷与空调，2019, 19(6): 38-41.

［17］邹冠星，苏阳. 制冷剂产品市场分析［J］. 制冷技术，2018, 38(A01): 12.

［18］Calm J M .The next generation of refrigerants—Historical review, considerations, and outlook［J］. International Journal of Refrigeration, 2008, 31(7): 1123-1133.

［19］Lee M Y, Lee D Y. Review on conventional air conditioning, alternative refrigerants, and CO_2 heat pumps for vehicles［J］. Advances in Mechanical Engineering, 2013, 5(3): 1-15.

［20］桂超. 制冷剂替代及相关领域研究进展［J］. 应用能源技术，2018(9): 26-29.

［21］王海涛，孙姣，王星，等. 制冷剂排放回收现状分析［J］. 家电科技，2014(10): 3.

［22］高欢，顾昕，丁国良. 制冷剂回收与再生现状分析［J］. 制冷学报，2021, 42(5): 17-26.

［23］刘孝刚. 船舶行业吸附式制冷剂回收装置研究［J］. 造船技术，2015(5): 4.

［24］钟衡，陈传宝，江辉民. 油分离器研究现状及性能改善途径［J］. 制冷与空调，2020, 20(10): 5.

［25］俞炳丰，彭伯彦. CFCs制冷剂的回收与再利用［M］. 北京：机械工业出版社，2007.

［26］王海涛，田晖，蔡毅，等. 制冷剂高效回收技术与创新模式［J］. 家电科技，2019(2): 101-103.

第四章

泡沫行业淘汰 ODS 管理

第一节　涉消耗臭氧层物质的产品领域

自泡沫塑料问世以来，由于其具有诸多优异的性能，在化工生产、房屋建筑等众多领域被广泛地应用。其热传递主要是传导传递，辐射传递不多。它的热导率主要取决于气泡内部气体的热导率，在低温条件下，其热导率进一步降低，因此，它是一类具有优良隔热性能的保温材料。

20世纪的最后20年是泡沫塑料行业快速发展的阶段，泡沫塑料生产企业数量庞大，其产品广泛应用于各个领域，包括家具制造、家电产品、包装材料、餐具、石油化工、冷库、制冷设备和绝缘材料等。80年代初期，泡沫行业中国有大企业占主导地位，进入90年代末期，为数众多的集体和私营中小企业成为行业的主体。

随着泡沫塑料材料使用的迅速发展，传统泡沫塑料产品已不能满足社会和工业的需求。近年来原材料不断升级，新的泡沫塑料保温材料应运而生，其组成体系日益完善，性能更优异。目前，应用比较多的泡沫塑料保温材料主要包括聚氨酯泡沫塑料、聚苯乙烯泡沫塑料、酚醛泡沫塑料等。

一、聚氨酯泡沫塑料

聚氨酯是聚氨基甲酸酯的简称，凡是在高分子主链上含有许多重复—NHCOO—基团的高分子化合物通称为聚氨酯。聚氨酯制品种类主要包括泡沫塑料、弹性体、纤维、革鞋树脂、涂料、密封剂和胶黏剂等。其中，泡沫塑料是聚氨酯制品中产销量最大的。20世纪中期，德国首先成功研制聚氨酯泡沫塑料。采用廉价的石油化工产品环氧丙烷等作为多元醇的原料，大大降低了聚醚和聚酯的生产成本，使聚氨酯泡沫塑料获得了突飞猛进的发展。

通过调整工艺参数和原料配方，可以得到不同硬度的泡沫。根据泡沫硬度的不同，可将聚氨酯泡沫分为软质、半硬质和硬质泡沫三大类。软质泡沫应用于床垫、沙发、服装衬垫、汽车座椅等；硬质泡沫作为绝热性能最好的材料，主要应用于冰箱、冰柜、冷库、集装箱等制冷保冷装置和设备，供热管道和建筑屋顶、外墙绝热保温、空调管道绝热保温以及作为"以塑代木"材料等；半硬质泡沫主要用于汽车等交通工具内装饰和吸能缓冲材料。

1. 硬质聚氨酯泡沫

硬质聚氨酯泡沫（简称聚氨酯硬泡）是由硬泡聚醚多元醇（聚氨酯组合聚醚，又称白料）与异氰酸酯（又称黑料）反应制备的。主要用于制备硬质聚氨酯泡沫塑料，广泛应用于冰箱、冷库、喷涂、太阳能、热力管线、建筑等领域。

目前，硬质聚氨酯泡沫塑料仍然是固体材料中隔热性能最好的保温材料之一。该材料是保温、防水材料，可用于屋顶和墙体上，具有一材双用之功效，可代替传统的防水层和保温层。其具有以下特点：①聚氨酯硬泡体的导热系数低于$0.024W/(m \cdot K)$，远远优于传统的保温材料。由于硬泡体喷涂聚氨酯与一般墙体材料的黏结强度高，是一种天然的胶黏材料，能形成连续的保温层。厚度1cm的聚氨酯硬泡相当于厚度30cm的砖墙的保温效果。②其连续致密的表皮和近乎100%的高强度互联闭孔蜂窝，具有理想的不透水性和良好的水蒸气渗透阻。采用现场直接喷涂技术可以形成无接缝的连续防水层，在异形屋面施工中较其他防水材料优势更明显。

欧、美等60%的硬质聚氨酯泡沫塑料作为节能材料用在建筑上，而我国60%以上用于冰箱、冰柜的隔热保温。近年来我国逐步推广应用于房屋建设中，以其轻质、绝热、防水等优异性能，代替了传统的隔热、保温、防水方法，尤其适用于混凝土现浇坡屋面，为混凝土现浇坡屋面提供了一种可靠的保温、防水、节能的施工方法。

2. 软质聚氨酯泡沫

软质聚氨酯泡沫（简称聚氨酯软泡）是指具有一定弹性的一类柔软性聚氨酯泡沫，它是用量最大的聚氨酯产品之一。

聚氨酯软泡的生产最早采用预聚体法，即先由聚醚多元醇和过量的TDI（甲苯二异氰酸酯）反应，制成含有游离—NCO基的预聚体，然后再与水、催化剂、稳定剂等混合制成泡沫塑料。预聚法生产流程长、成本高，仅在一些特殊产品的生产中采用。1958年底，美国莫贝公司和联碳公司采用了催化活性高的三亚乙基二胺作为发泡催化剂，并结合采用有机硅表面活性剂配方，开发了"一步法"工艺技术。这是泡沫生产技术的重大突破，至今还在广为应用。目前的普通聚氨酯软泡几乎都是用"一步法"生产，即各种物料通过计量直接进入混合头混合，一步制造泡沫塑料。依其生产方式的不同，可分为连续式和间歇式。进入21世纪，聚氨酯软泡中有90%是用聚醚多元醇生产的，大部分为通用软泡（以块状泡沫为主）和高回弹软泡，还有一少部分特种软泡，如超柔软泡沫、高承载泡沫、亲水性软泡、吸音泡沫和过滤用软泡等。

聚氨酯软泡多为开孔的，通常具有密度小、透气、吸声、保温、回弹性好等特点。高回弹聚氨酯泡沫主要用作交通工具座椅、家具垫材、各种衬垫层压复合材料，也用作隔声材料、过滤材料、装饰材料、防震材料、包装材料和保温隔热材料等；软质聚氨酯自结皮泡沫塑料制品主要用于汽车方向盘、头枕、扶手、摩托车车座、自行车车座、安乐椅扶手和头靠、门把、阻流板以及保险杠等。

3. 半硬质聚氨酯泡沫

半硬质聚氨酯泡沫是一种性能介于聚氨酯软泡与硬泡之间的泡沫，特点是具有较高的压缩负荷值和较高的密度，其交联密度远高于软泡而仅次于硬泡。半硬质聚氨酯泡沫塑料是聚氨酯的几大品种之一。半硬质聚氨酯泡沫塑料主要用于汽车等交通工具内装饰和吸能缓冲材料等。

二、聚苯乙烯泡沫塑料

聚苯乙烯泡沫塑料是指原料为聚苯乙烯，将聚苯乙烯树脂、发泡剂和相关助剂通过加热进行软化，产生气体，形成的一种硬质闭孔结构的泡沫塑料。它的加工方法按发泡方式的不同，可分为模式法与挤出法两种。

聚苯乙烯泡沫塑料是目前应用最广泛的保温隔热材料之一。它具有质量轻、吸水性小、保温隔热性能良好、吸声良好、价格低廉等优点，可制成建筑及冷库用保温隔热泡沫塑料板和泡沫塑料夹心复合板。聚苯乙烯泡沫板及其复合材料因价格低廉、绝热性能好而成为外墙绝热及饰面系统的首选绝热材料。真空聚苯乙烯泡沫材料一直是泡沫塑料的研究方向之一。它是将气相泡沫塑料抽真空并密封，真空泡体的热传导能力显著降低。与传统聚苯乙烯发泡材料相比，真空聚苯乙烯泡沫塑料具有以下优点：①真空聚苯乙烯泡沫塑料用于制冷保温节能效果明显，并随使用温度降低，保温节能效果更好。②真空聚苯乙烯泡沫塑料孔内不存在水蒸气，不会出现结冰现象从而降低保温效果。③真空聚苯乙烯泡沫塑料包装材料价格低廉，经济效益显著。④真空聚苯乙烯保温材料的节能效果与真空度和占孔有关。提高真空度应在不影响材料强度的情况下，尽可能多加孔。

近年来节能、环保问题引起人们越来越多的关注。聚苯乙烯泡沫作为一种隔热保温材料，在建筑材料领域内占有一席之地，被广泛用于桥梁、道路、涵洞等一系列土木工程。它可以通过减少冷热区域之间的热流从而防止能源损耗，充分显示其节能方面的优势，而且聚苯乙烯泡沫塑料易于溶解、粉碎，可以回收利用，降低了对环境的污染。聚苯乙烯泡沫塑料的回用技术已经成为保温材料的发展热点之一。将废弃的聚苯乙烯泡沫塑料加工成粒径为0.5～4.0mm的颗粒作为轻骨料，配制的保温砂浆可有效克服珍珠岩保温砂浆吸水率大、抗裂性差等缺点，并且具有更好的保温隔热性能。

聚苯乙烯泡沫塑料与聚氨酯泡沫塑料相似，使用温度低、易燃性及燃烧时释放大量烟雾等缺点，限制了其作为保温材料的应用范围。赋予聚苯乙烯泡沫塑料一定的阻燃性，是解决此问题的关键。聚苯乙烯泡沫塑料的阻燃方式有多种，添加阻燃剂是最常用且便捷的方法。常用的阻燃剂包括卤系阻燃剂、磷系阻燃剂、无机阻燃剂（石墨阻燃剂）以及阻燃增效剂等。另外，随着科技的进步，更多的阻燃体系，如膨胀成炭体系、聚合物／无机纳米复合体系、聚苯乙烯树脂的阻燃改性等都有望应用于聚苯乙烯泡沫塑料阻燃，为使用聚苯乙烯泡沫塑料带来更大的安全保障。

目前，我国聚苯乙烯泡沫塑料主要应用于屋面保温、墙体保温、地面保温、冷库建设等。我国聚苯乙烯泡沫行业目前主要以 HCFCs 作为发泡剂，涉及的 ODS 物质主要有 CFC-12、HCFC-22、HCFC-142b 等。

三、酚醛泡沫塑料

酚醛泡沫塑料是目前泡沫塑料保温材料中发展最快的品种，是一种新兴的保温绝热材料。酚醛泡沫塑料与早期占市场主导地位的聚苯乙烯泡沫塑料、聚氨酯泡沫塑料等材料相比，具有耐燃性好、发烟量低、无毒、高温性能稳定及易成型加工等特点，是仪表、建筑、石油化工等行业较为理想的绝缘隔热保温材料，因而受到人们的关注。

酚醛泡沫塑料在发达国家发展迅速，消费量日益增加，应用范围不断扩大。美国建筑行业所用的隔声保温泡沫塑料中，酚醛泡沫塑料已占近一半比重；日本已成立酚醛泡沫塑料普及协会，以推广使用这种新材料。我国从20世纪90年代开始对酚醛泡沫塑料进行研究，也获得了很好的成果。目前，国内酚醛泡沫塑料的低温连续发泡生产技术已达到世界先进水平，已基本具备从树脂合成技术到低温连续发泡生产线及各环节的生产技术。

目前酚醛泡沫塑料主要的缺陷是脆性大、粉化程度高、易变形、导热系数受密度的影响较大，一般可以通过共混改性及添加各种填料来改善。

酚醛树脂与其他材料共混改性，可以制备性能极其优良的复合保温材料。如以密度小于50kg/m³的泡沫玻璃为填料的玻璃酚醛泡沫塑料的极限抗压强度为16MPa，使用年限可超过25年。

酚醛泡沫塑料因其特有的性能，逐步广泛应用于国民经济各领域。但是，科学技术的发展对其提出更高的要求。为了不断改进和提高酚醛泡沫塑料的性能，对其工艺的优化和改进以及对其配方的不断探索，必将成为保温泡沫塑料研究的前沿和热点。

四、不同类型泡沫塑料特点比较

目前应用比较多的泡沫塑料保温材料主要有聚氨酯泡沫塑料、聚苯乙烯泡沫塑料、酚醛泡沫塑料等。不同类型的泡沫塑料外观和用途有相似之处，但也存在一定差异。不同类型泡沫塑料特点比较见表4-1。

表4-1　不同类型泡沫塑料特点比较

泡沫塑料产品	外观特点	用途
聚氨酯硬泡	新生产的硬质聚氨酯泡沫白色或微黄。一般不着色。切掉表皮后，表观各向均匀，制品密布肉眼可观察到的泡孔。生产过程中必须依附于钢板、墙面等基材（或模具、型腔）。手感硬实。随着存放时间延长，尤其是露天存放时间的延长，颜色逐渐变深，最后变成棕红色，表面会粉化	以各种保温用途为主
聚氨酯软泡	新生产的软质聚氨酯泡沫白色或微黄。一般不着色，但有时有各种彩色海绵。制品密布肉眼可观察到的泡孔。手感柔软，回弹性能良好。先生产出大块（约宽1.5m，高0.8m，长可调），再切割成各种制品	家具、床上用品、软包装等
可发性聚苯乙烯泡沫（EPS）	白色，表面可见约红豆粒大的一个个颗粒紧密贴在一起。手感硬实，但质量较差的颗粒较大，有一定弹性。一般先生产出大块，再切割成板材	包装、建筑保温
挤出聚苯乙烯泡沫（XPS）	新原料生产制品白色，回收原料生产的发灰。为区别别的企业产品、掩盖回收原料灰色，经常添加各种着色剂，形成不同颜色的产品，但一般一个企业只生产一种颜色的产品。制品泡孔细密，几乎不可见。手感硬实。一般为不与其他材料粘接在一起的板材	建筑保温等

泡沫塑料产品	外观特点	用途
酚醛泡沫	新品为白色泡沫,手感硬实,产品阻燃性能好,不易点燃。表面易粉化,暴露在空气中易氧化从而颜色变深。多数产品会用粉红色着色	隔热保温材料、隔声材料等

随着科学技术的进步和环保要求的提高,泡沫塑料在国民经济各个领域使用广泛,对其性能的要求也越来越高,研究开发耐热环保型聚氨酯泡沫塑料保温材料将是亟待解决的课题。今后研究重点是:新型臭氧消耗潜势(ODP)为零的聚氨酯泡沫塑料发泡剂的研究开发;改进材料的阻燃性能;提高材料的憎水性和降低材料的生产成本等。此外,开发新型泡沫塑料保温材料也是主要的研究方向。

第二节　发泡原理及发泡剂类型

一、发泡原理

泡沫发泡原理通常是:在外界条件发生变化时,如升温、减压等,发泡剂通过物理或者化学变化产生气体,使聚合物熔体中充满气体,最终形成泡沫体,制成塑料泡沫材料。发泡原理主要有物理发泡、化学发泡两种。

化学发泡的发泡原理是异氰酸根与发泡剂分子上的羟基、氨基等基团发生反应,产生的小分子气体被封存于固化后的体系中,形成泡孔。化学发泡剂中最普遍的是水,因其成本低、污染小、工艺简便、发泡效果好而得到了广泛应用。

$$—NCO + H_2O + OCN— \longrightarrow —NHCONH— + CO_2\uparrow$$

物理发泡主要是利用一些低沸点的小分子液体化合物,发泡原理是依靠主链增长反应时放出的热量使发泡剂升温至沸点以上,形成气体,产生泡孔。氯氟烃、含氢氯氟烃等均为此类发泡剂，其发泡原理比较简单。组合聚醚、黑料混合后，在搅拌下很快发生反应，在反应热的作用下，液态物理发泡剂汽化，使反应物膨胀形成泡沫。硬泡体系多采用物理发泡剂。其中氟利昂发泡剂（如CFC-11）是硬质聚氨酯泡沫塑料理想的发泡剂，但由于其对大气臭氧层有严重的破坏作用，我国已于2010年起禁止生产和使用。

二、发泡剂类型

泡沫行业发泡剂基本上分为两种类型：一种是利用水与异氰酸酯反应放出CO_2作为起泡剂，即化学发泡剂；另一种发泡剂是选用低沸点化合物，利用泡沫体系的反应热使之汽化发泡，即物理发泡剂。其中物理发泡剂是泡沫领域消耗臭氧层物质的重点。物理性发泡剂主要分为以下四类。

第一类发泡剂是低沸点的烃类化合物，是指全氯氟烃（CFCs），主要包括一氟三氯甲烷（CFC-11）、二氟二氯甲烷（CFC-12），其中CFC-11化学性质稳定、发泡效率高。1958年，杜邦公司首次成功应用CFC-11作物理发泡剂制备了硬质聚氨酯泡沫塑料，几十年来一直被广泛使用，该化合物也是泡沫行业主要使用的发泡剂，经研究，该化合物是破坏地球臭氧层的罪魁祸首之一。CFCs进入平流层后，受到强烈紫外线照射释放出氯原子，据估计，一个氯原子可以与10^5个O_3分子发生链反应，即使进入平流层的CFCs极少，也能导致臭氧层的破坏，形成臭氧空洞，使到达地球的紫外线UV-B辐射量增加，危及人类和其他生物的生存。鉴于CFCs对大气臭氧层的严重破坏性，按照《蒙特利尔议定书》的相关规定，我国自2010年1月1日起已全面禁止生产和使用。

第二类发泡剂是HCFCs类发泡剂，主要有一氟二氯乙烷（HCFC-141b）、三氟二氯乙烷（HCFC-123）、二氟一氯甲烷（HCFC-22）、二氟一氯乙烷（HCFC-142b）等，其中HCFC-141b的使用较为广泛。由于HCFCs的臭氧消耗潜势（ODP）并不为零，对臭氧层仍有损耗，它只是一种过渡发泡剂，2007年的《蒙特利尔议定书》第十九次缔约方大会通过了加速淘汰含氢氯氟烃（HCFCs）调整案，规定所有HCFCs的禁用期限为2030年。

第三类发泡剂主要包括氢氟烃（HFCs）、戊烷系列等，ODP值为零，且性能与CFC-11接近。HFCs常用的发泡剂主要有三氟丁烷（HFC-365mfc）、五氟丙烷（HFC-245fa）。氢氟烃（HFCs）类物质，分子中不含氯原子，不破坏臭氧层，但其全球变暖潜能值（GWP）较高，无法避免温室气体排放对环境造成污染或破坏的问题。戊烷系列主要有正戊烷、异戊烷和环戊烷，价格低廉是这类发泡剂最大的优势，易燃易爆是其主要缺点。

第四类发泡剂是水和CO_2。在聚氨酯行业中，利用水与异氰酸酯反应生成CO_2或直接使用液态CO_2作发泡剂。以异氰酸酯和水反应生成的CO_2作发泡剂，习惯上称为水发泡。水发泡的优点是CO_2的ODP值为零，无毒、安全，不用投资改造发泡设备，投资较低；缺点是发泡过程中多元醇组分黏度较高，导致泡沫的导热系数高。

泡沫行业所涉及的ODS物质主要为CFCs和HCFCs，具体包括CFC-11、CFC-12、HCFC-141b、HCFC-142b、HCFC-123、HCFC-22等（表4-2）。

表4-2　泡沫行业消耗臭氧层物质（ODS）主要性质

序号	名称	化学式	沸点 /℃	ODP 值[①]	GWP 值[②]
1	CFC-11	$CFCl_3$	23.7	1.0	4000
2	CFC-12	CF_2Cl_2	−29.8	1.0	8500
3	HCFC-141b	CH_3CFCl_2	32.1	0.11	630
4	HCFC-142b	CH_3CF_2Cl	32	0.065	2000
5	HCFC-123	CF_3CHCl_2	28	0.02	93
6	HCFC-22	CHF_2Cl	−40.8	0.055	1700

① ODP为臭氧消耗潜势，表示大气中氯氟碳化物质对臭氧破坏的相对能力，以CFC-11为1.0。
② GWP值是一种物质产生温室效应的指数。GWP是在100年的时间框架内，以二氧化碳为基准，各种温室气体的温室效应对应于相同效应的二氧化碳的质量。

第三节 涉及ODS的主要生产工艺分析

泡沫塑料行业作为我国消耗臭氧层物质消费的主要行业之一，所涉及的ODS物质主要为CFCs和HCFCs。泡沫生产工艺大同小异，以聚氨酯泡沫和聚苯乙烯泡沫为例进行分析。

一、聚氨酯泡沫生产工艺分析

一步发泡工艺是目前普遍采用的聚氨酯泡沫制造工艺，主要是将聚醚（或聚酯）多元醇、多异氰酸酯、水、泡沫稳定剂、催化剂及其他添加剂等原料一步加入，在高速搅拌下混合后进行发泡。由于使用了有机锡等催化剂，反应速度较快，放热时温度较高，不需要发泡后再进行加热熟化，并采用了有机硅泡沫稳定剂，因而在聚醚等物料黏度较低的情况下也能得到泡孔较为均匀的泡沫制品。由于不需要预聚体的反应装置，因而具有工艺简单、易于操作管理、设备投资少等优点。由于物料黏度较小，对制造低密度和模塑成型制品尤为有利，因而目前绝大部分生产已采用一步法发泡工艺。其流程见图4-1。

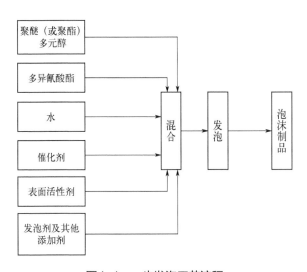

图4-1 一步发泡工艺流程

小规模生产块状软泡通常采用箱式发泡工艺，这是一种间歇式生产工艺，这种发泡方法适用于实验室手工发泡。反应物料混匀后立即倒入一只木制或铁皮制成的箱子一样的敞口模具中发泡成型，故得名"箱式发泡"。箱式发泡的主要设备包括：①电控机械搅拌器，混合料筒；②模具（箱）；③称量工具，如天平、台秤、量杯、玻璃注射器等计量工具；④用于控制搅拌时间的秒表。生产时，需要将少量脱模剂涂抹在箱内壁，使泡沫容易脱出。

二、聚苯乙烯泡沫生产工艺分析

聚苯乙烯泡沫（EPS）常用的发泡剂为低沸点烃（如石油醚、丁烷、戊烷等），制备时以苯乙烯单体在高压釜中一次反应完成，称一步法；也可聚合后加发泡剂，使其逐步渗入聚合物本体，称二步法。一步法产品发泡后泡孔均匀细小，制品弹性好，但聚合物分子量低，质量差；二步法产品聚合物分子量高，制成泡沫塑料强度好，但操作复杂。在一定条件下加热起泡，制成泡沫塑料。贮存中发泡剂易扩散逃逸，含量＜5%时发泡较困难，必需密封、低温保存。聚苯乙烯泡沫广泛用于机械设备、家用电器、仪器仪表、工艺品和其他易损坏贵重产品的防震包装材料以及快餐食品的包装。

工艺流程可以分为预发泡、熟化和模压成型三个阶段，其中以预发泡和模压成型为主。预发泡的工艺流程见图4-2。

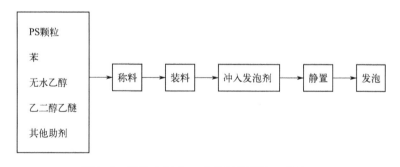

图4-2　聚苯乙烯（PS）泡沫预发泡工艺流程

EPS 成型的工艺也主要有两种：①一步挤出路线，在 EPS 粒子起泡之后被直接热挤出成型，这种方法多用于制造板材和薄膜；②模塑路线，首先将 EPS 粒子用 100℃的空气（或者水蒸气）进行 30～50 倍的预发泡，然后放置 24h 使其熟化，再将已经熟化的预发泡料放置于铝或者铸件制造的模具中，用 115～120℃的空气（或水蒸气）加热，在材料膨胀的同时，通过热的作用使粒子表面相互熔合成泡塑件。

第四节 新型发泡剂的应用及特点

一、新型发泡剂的应用

《中华人民共和国大气污染防治法》（以下简称《大气污染防治法》）第八十五条规定："国家鼓励、支持 ODS 替代品的生产和使用，逐步减少直至停止 ODS 的生产和使用。国家对 ODS 的生产、使用、进出口实行总量控制和配额管理。"《大气污染防治法》将保护臭氧层工作以国家法律的形式予以颁布，为国家和行业后续制定政策确立了法律依据。2010 年 3 月，国务院颁布的《消耗臭氧层物质管理条例》（以下简称《条例》），明确规定了淘汰 ODS 的目标、责任和义务。《条例》规定，国家逐步削减并最终淘汰作为发泡剂等用途的 ODS；确立了以总量控制和配额管理为核心的 ODS 生产、消费及进出口管理制度；明确了违法责任和处罚措施，为 ODS 淘汰的可持续性提供了切实有效的法律保障。与此同时，为了鼓励 ODS 替代品的开发和应用，《条例》第八条明确规定：国家鼓励、支持 ODS 替代品和替代技术的科学研究、技术开发和推广应用。

替代 ODS 的理想发泡剂应具备以下条件：①不含氯原子，不会对大气臭氧层造成破坏，即 ODP 值为零；②气候友好，即 GWP 值较低；③安全、不易燃、无毒；④产品原料易得、生产简单、价格低廉；⑤在配方原料组分中化学稳定性好，并且互溶性良好；⑥沸点、潜热适中；⑦分子量低，导热系数变化率小。

企业ODS替代品情况可参考国家环境保护总局环函〔2007〕185号文件"关于发布《消耗臭氧层物质（ODS）替代品推荐目录（修订）》的公告"中泡沫行业ODS替代品名录（表4-3）。

表4-3　泡沫行业ODS替代品名录

序号	替代品名称	ODP值	GWP值	主要应用领域（产品）	被替代ODS
1	HCFC-141b	0.11	713	聚氨酯硬泡（保温管材、保温板材、喷涂保温层、冰箱冰柜保温层生产），自结皮泡沫（扶手、汽车方向盘生产）	CFC-11
2	水	0	—	聚氨酯硬泡（保温管材、保温板材生产），聚氨酯软泡（海绵生产），自结皮泡沫（扶手、汽车方向盘生产）	CFC-11
3	HFC-245fa	0	790	聚氨酯硬泡（保温管材、保温板材、喷涂保温层、冰箱冰柜保温层等生产）	CFC-11、HCFC-141b
4	HFC-365mfc	0	890	聚氨酯硬泡（保温管材、保温板材、喷涂保温层、冰箱冰柜保温层等生产）	CFC-11、HCFC-141b
5	CO_2	0	1	聚氨酯软泡（海绵生产），聚烯烃泡沫（PS板材生产）	CFC-11、CFC-12
6	环戊烷、戊烷	0	—	聚氨酯硬泡（保温管材、保温板材、冰箱冰柜保温层生产）	CFC-11
7	丁烷、液化石油气（LPG）	0	—	聚烯烃泡沫［PS/PE（聚乙烯）管材、片材、网套生产］	CFC-12
8	HFC-152a	0	122	聚氨酯硬泡	CFC-11

二、新型发泡剂的特点

由于第二代发泡剂HCFC-141b的ODP值为0.11，GWP值为713，对臭氧层及温室效应影响很大，因此只能作为过渡性替代品使用。2011年和2016年，《蒙特利尔议定书》多边基金执行委员会第64次和77次会议分别批准了我国聚氨酯（PU）泡沫行业含氢氯氟烃（HCFCs）第一、二阶段淘汰管理计划。近十年来，PU泡沫行业陆续通过淘汰项目、技术援助等活动支持企业开展一氟二氯乙烷（HCFC-141b）淘汰工作，使用臭氧消耗潜势值（ODP）为零、全球变暖潜能值（GWP）较低的替代品和替代技术，并通过颁布实施相应的HCFCs管理政策措施，确保实现履约目标。

氢氟烃（HFCs）是一类人工合成的强效温室气体，作为《蒙特利尔议定书》管控的ODS主要替代品之一，HFCs生产和消费的增长引起了国际社会的广泛关注。2016年，《蒙特利尔议定书》第28次缔约方大会通过了《基加利修正案》，将18种高GWP值的HFCs增列为附件F，缔约方将在未来近30年的时间里削减HFCs基线水平的80%以上。有研究表明，《基加利修正案》在21世纪末前每年可避免约56亿吨至87亿吨二氧化碳当量排放，到21世纪末可避免全球升温0.4℃。根据中国聚氨酯泡沫行业HCFC-141b淘汰计划（第二阶段），聚氨酯泡沫行业在第一阶段取得的成果的基础上，逐步削减HCFC-141b消费量，并将在2025年底实现全行业淘汰。

目前常用的发泡剂替代品主要有戊烷、水、液态CO_2等。其中戊烷因具有环保、价格低廉、易得等优点而被广泛应用，然而戊烷易燃易爆，属于危险化学品，使用这种发泡剂需要对厂房及生产设备进行安全改造。虽然选择戊烷发泡替代技术初期投资较高，但从长期来看，综合经济效益明显，是较为理想的替代品。

戊烷易燃易爆，它的安全使用需要按照国家相关危险化学品管理要求执行，其存储、输送、混合等过程中使用的设备必须具备T3等级防爆特性，且戊烷所经区域需加设可燃气体检测装置、安全报警系统、抽排风系统及围房等设施。国内有关戊烷使用的安全标准还在审批中，国外戊烷替代技术应用较早，关于戊烷使用的安全标准相对更为完善，具有较好的借鉴意义。

目前，硬质聚氨酯泡沫生产中主要使用的戊烷系列发泡剂有环戊烷、正戊烷和异戊烷。其中异戊烷因在聚醚多元醇中的溶解度较低，常作为辅助发泡剂使用；正戊烷的沸点低，泡沫流动性和尺寸稳定性比环戊烷好，所以多用于以现场混合为主的连续法生产工艺中；环戊烷的沸点较高，气相热导率最低，泡沫的绝热性能最好，可以预混，所以在硬质聚氨酯泡沫生产中应用最多。

零ODP、低GWP的戊烷发泡剂是一种较为理想的发泡剂替代品。虽然戊烷作为单一发泡剂使用时性能不及HCFC-141b，且初期投资费用较高，但是通过优化配方，可以有效地平衡各性能之间的关系，加之价格低廉且易得，综合来看，其长期运行成本远低于其他发泡剂。因此，戊烷发泡体系在聚氨酯泡沫领域将有广阔的发展前景。

第五节　新型发泡剂的管控技术

自2011年行业计划获批以来，聚氨酯和聚苯乙烯两个泡沫塑料行业都组织实施了大量的HCFCs替代转换工作。在企业层面淘汰项目方面，挤出聚苯乙烯泡沫塑料行业先后与多家企业签署了HCFCs淘汰合同，实现了9589.98t的淘汰量；聚氨酯泡沫塑料行业与多家泡沫企业签订了HCFC-141b淘汰合同，其中涵盖冰箱冷柜、冷藏集装箱、电热水器、管道保温、板材、太阳能热水器等多个子行业，实现12762.95t的淘汰量。通过上述活动的开展，我国泡沫塑料行业的技术与装备水平得到了极大的改善，行业面貌焕然一新，取得了显著的经济效益和社会效益，有力地推动了泡沫塑料行业的健康发展。

按照《蒙特利尔议定书》规定的各类受控物质淘汰时间表，在多边基金的支持下，20世纪90年代初开始了ODS的淘汰工作。近30年来，通过单个项目、行业计划、政策法规实施等措施，泡沫塑料行业如期实现了各阶段履约目标。2007年，我国泡沫塑料行业完全淘汰了全氯氟烃作为发泡剂的使用；2011年，我国正式启动了HCFCs淘汰工作，目前已按时完成第一阶段削减基线水平10%的履约目标。其中聚氨酯（PU）泡沫行业作为我国HCFCs消费的主要领域之一，在第一阶段实现了超过12000t的HCFC-141b淘汰量，所有替代改造项目全部采用了低GWP值的替代技术，在保护臭氧层的同时带来了显著的气候效益。2015年，又进一步实现了HCFCs淘汰第一阶段履约目标，聚苯乙烯泡沫塑料行业完成了基线水平10%的消费量削减任务，聚氨酯泡沫塑料行业也顺利实现了基线水平17.5％的淘汰目标。

为了如期实现议定书规定的各阶段的履约目标，2016年多边基金执委会第77次会议批准了我国第二阶段HCFCs淘汰总体战略以及包括PU泡沫行业在内的各消费行业HCFCs淘汰第二阶段行业计划。按照行业计划要求，我国PU泡沫行业将在第一阶段淘汰工作的基础上，加速淘汰HCFCs，目前我国已完成2018年削减基线水平的30%、2020年削减45%的履约目标，2026年实现全行业完全淘汰（表4-4）。

表4-4　我国PU泡沫行业淘汰HCFCs的进展及目标

序号	时间	淘汰进展及目标
1	2007年7月1日	已淘汰所有全氯氟烃的生产和使用
2	2015年1月1日	已削减17.5%PU泡沫行业HCFCs的生产和使用
3	2018年1月1日	已削减30%PU泡沫行业HCFCs的生产和使用
4	2020年1月1日	已削减45%PU泡沫行业HCFCs的生产和使用
5	2026年1月1日	全部淘汰PU泡沫行业HCFCs的生产和使用

聚氨酯泡沫塑料行业应以积极的态度，利用国家在制订HCFCs淘汰计划中给予的一系列政策措施，在确保完成淘汰目标的同时，促进行业的技术进步和技术创新，以积极的态度应对HCFCs淘汰对行业带来的影响，确保聚氨酯泡沫塑料行业的健康快速发展。

鉴于聚氨酯泡沫塑料行业的现状，新型发泡剂的应用越来越普遍，对于新型发泡剂的管控技术可从以下几方面入手。

1. 贯彻落实消耗臭氧层物质管理法律法规

对国内外ODS履约政策进行动态研究，时刻掌握ODS受控物质具体种类、淘汰时间以及重要调整等。进一步加强《消耗臭氧层物质管理条例》的贯彻落实，继续完善HCFCs生产、使用、进出口配额制度，确保切实履行HCFCs管理的各项法律法规。根据行业完善数据报告、销售备案、维修回收等法规制度，为HCFCs淘汰和替代品发展提供市场空间和政策保障。地方环保部门要继续开展HCFCs淘汰宣传培训，加强监督管理和执法力度，坚决打击违法行为。随着泡沫行业HCFC-141b淘汰工作的进展，适时开展子行业禁令的经济、环境和社会影响分析工作，并根据评估结果颁布优先子行业乃至全行业HCFC-141b禁令。同时，为推进替代技术的应用和可持续发展，在前期标准调研工作基础上对现有的部分行业标准进行修订。

2. 做好HCFCs淘汰行业计划实施工作

对涉及ODS使用的重点行业进行行业调研，并形成ODS重点企业管控名单，且动态更新。按照总体战略分行业制订企业HCFCs淘汰的实施计划和方案，按期完成生产线改造任务，并根据行业淘汰进展适时颁布有关行业/子行业禁令。制定有利于中小企业淘汰工作的相关政策，调动中小企业的履约积极性。协调消耗臭氧层物质的生产、使用和进出口平衡，不断完善项目申报和审核机制。加强淘汰项目的监督管理，确保多边基金的高效合理使用。通过向企业介绍ODS管理政策、行业计划实施和替代技术开发应用等，加强行业对相关政策的理解，推广替代技术并引导企业实现自主淘汰；为中小企业提供技术培训、咨询和现场指导，提高其使用替代技术的能力，并通过上游原料及设备供应商协助中小企业完成

HCFC-141b的淘汰工作；配合行业HCFC-141b淘汰进程，定期对替代技术进行评估，基于替代改造中出现的技术挑战开展替代技术和发泡配方的改进及研究活动，为不同子行业和中小企业提供切实有效的替代方案和技术咨询。

3. 大力开发、推广和应用绿色低碳替代技术

把推动绿色低碳技术的发展作为生态文明建设的重要内容，作为加快转变经济发展方式、调整经济结构的重大机遇。第二阶段HCFCs淘汰是低GWP值技术推广的关键阶段，要继续大力推动绿色低碳替代技术的开发和应用，出台并适时更新《含氢氯氟烃重点替代技术推荐目录》，积极推动替代品标准法规的制定修订工作，并通过产业政策、政府绿色采购、绿色产品认证、舆论宣传引导等方式鼓励和支持绿色低碳替代技术的研发及推广。对行业企业进行积极宣传培训，鼓励企业改进经营理念和技术升级；对人民群众进行科普宣传，鼓励购买使用不含ODS的产品；对环保系统加强技术培训，重点培训管理政策、专项执法以及监测技术等。

4. 加强监督监测和长效管理

不断完善ODS监测技术能力，建立ODS重点行业企业常规监测机制，并实施企业在线报送信息化管理，构建环境监测预警体系，不断强化监督执法力度，对违法使用ODS物质的企业严惩不贷。随着政策研究、行业调研、监测监督的不断深化，以科学为依据的决策，不断推动完善ODS履约管理政策的更新和调整，形成长效管理机制，积极履行责任和义务。

5. 继续强化环保履约能力，加大国际合作力度

在履约能力建设方面，深入研究环境国际公约的发展趋势，积极参与公约谈判；加强履约组织建设和履约队伍建设，切实提高有关部门和行业的履约能力；在资金、法制、科技、宣传、执法等方面建立健全较为完备

的环境履约机制。在国际合作方面，继续坚持"共同但有区别的责任"原则，争取发达国家对发展中国家的技术和资金支持。增进与缔约方的沟通与交流，加强与多边基金、国际和双边机构等国际组织、国内外行业相关方、科研机构的培训合作和技术交流。

参考文献

[1] 商灿，刘秀生，刘兰轩，等. 泡沫塑料保温材料的研究进展［J］. 上海塑料，2013(4): 14-19.

[2] 邓坚勇，胡丽芳，罗淑芬，等. 发泡剂在发泡陶瓷保温板中发泡原理的研究［J］. 佛山陶瓷，2017, 27(1): 34-36.

[3] 乐亮，刘运学，范兆荣，等. 硬质聚氨酯泡沫塑料阻燃技术研究进展［J］. 合成树脂及塑料，2021, 38(4): 64-70.

[4] 徐祥，沈照羽，崔胜凯，等. 发泡剂对硬质聚氨酯泡沫性能的影响［J］. 热固性树脂，2021, 36(2): 31-33.

[5] 周艳艳，邹宇田，李思成，等. 戊烷发泡剂特性及其硬质聚氨酯泡沫的性能［J］. 聚氨酯工业，2022, 37(1): 1-3.

[6] 杨阳，赵利，彭传伟，等. 不同发泡体系海洋保温管道用聚氨酯硬泡性能比较［J］. 聚氨酯工业，2020, 35(5): 25-27.

[7] 徐月梅，吴小琴，徐亚玲，等. 泡沫混凝土发泡原理与发泡工艺的研究［C］. 2014年6月建筑科技与管理学术交流会，北京，2014.

[8] 贾国兴. 聚乙烯泡沫塑料的发泡原理及性能［J］. 塑料，1993(1): 45-48.

[9] 尹相文，田玉芹，韦雪，等. 含氟耐高温型CO_2发泡剂的制备与室内评价研究［J］. 现代化工，2021, 41(12): 180-183.

[10] 冯卉，郭晓林，李娟，等. 我国泡沫塑料行业消耗臭氧层物质的淘汰进展及分析［J］. 中国塑料，2016, 30(12): 86-90.

[11] 冯卉，郭晓林，李丽，等. 我国氢氯氟烃加速淘汰第二阶段面临的挑战及建议［J］. 聚氨酯工业，2016, 31(6): 1-4.

[12] 邹宇田，李思成，郭晓林. 中国聚氨酯泡沫行业氢氯氟烃淘汰管理计划进展及"十四五"期间行业履约新规划［J］. 聚氨酯工业，2021, 36(3): 1-3.

［13］朱明，朱永飞.聚氨酯泡沫塑料发泡剂研究现状及发展趋势［J］.应用化工，
2005(3): 34.

［14］杜卫超.阻燃吸音聚氨酯泡沫塑料的研制［D］.北京：北京化工大学，2009.

［15］朱吕民，刘益军.聚氨酯泡沫塑料［M］.3版.北京：化学工业出版社，2005.

［16］丁雪佳，薛海蛟，李洪波，等.硬质聚氨酯泡沫塑料研究进展［J］.化工进展，
2009(2): 5.

［17］马秀宝.泡沫聚合物保温材料的研究进展及其应用［J］.环境技术，2004，
22(4): 4.

［18］李力庆，朱更生，谭邦会.不同发泡剂的硬质聚氨酯泡沫塑料［J］.合成树脂及
塑料，2001, 18(3): 3.

［19］孙刚，刘预，冯芳，等.聚氨酯泡沫材料的研究进展［J］.材料导报，2006，
20(3): 5.

［20］薛海蛟.高性能硬质聚氨酯泡沫塑料的制备及性能研究［D］.北京：北京化工
大学，2009.

［21］王勇.聚氨酯泡沫行业HCFC-141b淘汰行动计划及淘汰对策分析［J］.聚氨
酯工业，2010(3): 3.

第五章

清洗行业淘汰 ODS 管理

第一节　涉消耗臭氧层物质的清洗应用领域

在生产工序间、产成品产出前、投入使用中的不同工序阶段，需要对金属零件、光学玻璃镜片、液晶面板、印刷线路板（PCB）、程控交换机、半导体、集成电路、制冷设备、医疗器械、纺织品等产品进行表面清洁。与通常意义上的石油、化工、电力设备化学清洗的特殊清洗不同，这类清洗涉及范围广，清洗质量要求高，清洗剂用量大，清洗工艺严，清洗设备个性化强。

ODS清洗剂应用的行业主要涉及电子行业、机械加工行业、医疗器械行业、光学仪器仪表制造行业等。其中，ODS清洗剂的主要清洗对象为电子器件、金属设备和精密仪器。

电子清洗涉及印刷线路板、真空元件、程控交换机、半导体、集成电路（IC）、精密机电、电子仪器仪表等，是电子产品在生产、使用等过程中必须进行的重要工序之一，也是ODS清洗较大的市场之一。金属清洗是涉及机具机电零件制造、制冷设备制造、医疗器械加工等各个行业的一种普遍性清洗工艺，清洗对象包括铝材、不锈钢、黄铜、紫铜、碳钢、合金及其多种材质的组合件、电镀件等。精密清洗的对象为硅晶片、显像管、液晶显示器面板以及光学组件等精密设备的组件，它一般对清洗的洁净度要求较高。

其他应用：用于外观清洁，如汽车、飞机、轮船等；用于表面清洗感光片、合成树脂、纺织品、皮革等；用于干洗衣物、纺织品；用于直接配制成清洗气雾罐的气溶胶喷雾剂、溶剂等。

淘汰工作前，常见的ODS清洗剂主要包括氯氟烃（CFC-11、CFC-12、CFC-13、CFC-112、CFC-113、CFC-114、CFC-115）、含氢氯氟烃（HCFC-22、HCFC-123、HCFC-124、HCFC-134a、HCFC-152a、HCFC-141b、HCFC-142b）、哈龙（氟氯溴化碳，如哈龙-1211、哈龙-1301、哈龙-2402）、四氯化碳、三氯乙烷和溴代正丙烷。其中，ODS清洗剂在国内使用量最大的是1,1,1-三氯乙烷（TCA），其次是1,1,2-三氯-1,2,2-三氟乙烷（CFC-113）和

四氯化碳（CTC）。表5-1为常见的ODS清洗剂的理化性质。

表5-1　常见的ODS清洗剂的理化性质（淘汰工作前）

分类	化学名称	简写	沸点 /℃	溶解性
氯氟烃	三氯氟甲烷	CFC-11	23.8	难溶于水，易溶于乙醇、乙醚及其他有机溶剂
	二氯二氟甲烷	CFC-12	−29.8	不溶于水，溶于乙醇、乙醚
	1,2- 二氟四氯乙烷	CFC-112	92.8	水溶性：0.12g/L
	1,1,2- 三氯三氟乙烷	CFC-113	47	不溶于水，易溶于乙醇、油类，与乙醚、苯混溶
	1,1- 二氯四氟乙烷	CFC-114	3	—
	五氟氯乙烷	CFC-115	−39	不溶于水，溶于乙醇、乙醚
含氢氯氟烃	一氯二氟甲烷	HCFC-22	−40.8	微溶于水，易溶于醚、丙酮、三氯甲烷
	2,2- 二氯 -1,1,1- 三氟乙烷	HCFC-123	27.8	水溶性：4.6g/L
	1- 氯 -1,2,2,2- 四氟乙烷	HCFC-124	−12	—
	1,1,1,2- 四氟乙烷	HCFC-134a	−26.5	不溶于水，溶于醚
	1,1- 二氟乙烷	HCFC-152a	−24.7	不溶于水，易溶于酒精、醚
	1- 氟 -1,1- 二氯乙烷	HCFC-141b	32	水溶性：4.0g/L
	1- 氯 -1,1- 二氟乙烷	HCFC-142b	−10	不溶于水，易溶于苯、烃类和氯化烃类
哈龙	二氟一氯一溴甲烷	哈龙 -1211	−3.7	不溶于水
	三氟溴甲烷	哈龙 -1301	−58	微溶于水，溶于氯仿
	1,2- 二溴四氟乙烷	哈龙 -2402	47.3	—
氯代烃	1,1,1- 三氯乙烷	TCA	74.1	不溶于水，溶于多种有机溶剂
	四氯化碳	CTC	76.8	不溶于水，能与乙醇、乙醚、石油醚混溶
溴代烃	溴代正丙烷	n-PB	70.9	不溶于水，溶于多种有机溶剂

ODS清洗剂的优点：①去油性能好。氟、氯等强极性官能团的存在使ODS清洗剂的极性增强，对油脂、油污的清洗和溶解能力更强，清洗效果

也更好。②使用过程安全性能好。氟、氯元素的存在使该类溶剂的可燃性和爆炸性较烃类物质大大降低，无闪点，使用过程更安全。③毒性低。大多数ODS清洗剂毒性较低，对人畜相对安全。④易干性。沸点低、易挥发，洗后的部件能够快速干燥。⑤可回收性。沸点低、易蒸馏再生，也易于实现蒸气清洗。

同时ODS清洗剂也有一定的缺点和危害：①毒性。毒性虽小，但在蒸气高浓度环境下，刺激性强，易危害人体健康。②腐蚀性。在一定条件下，氯原子（如TCA）分解产生盐酸，对金属工件、溶解性或溶胀性塑料胶件等都会产生腐蚀作用。③蒸发损失大。在运输、储存和使用过程中，沸点低，易挥发，蒸发损失为30%～40%。④对臭氧层造成破坏。由于ODS在环境中不易自然降解，排放后造成严重的环境污染。尤其是上升并滞留在大气平流层中，与臭氧分子发生自由基链式反应，消耗臭氧，造成臭氧层破坏。

虽然ODS清洗剂具有诸多优异的特性，但是由于其对臭氧层较强的破坏作用，国际社会及国内将在规定期限内逐步削减其消费量，并最终全面禁止其使用。

第二节　涉及ODS的主要生产工艺分析

一般来说，根据生产过程中被清洗组件和残留物的类型及特点先选择适当的溶剂，再进一步选择合适的生产清洗工艺对组件中残留物进行清洗。电子行业需要清洗的物品上的主要污染物为颗粒性残留物以及极性和非极性残留物。其中颗粒性残留物包括粉尘、金属杂质、焊接球等；极性残留污染物包括电镀盐类、酸类和有机胺类等；非极性残留污染物包括油脂、助焊剂、树脂、胶类等。这些污染物中既有人为添加的焊接助剂，也有不当操作引入的油脂、指纹、纤维等。这些污染物的来源与影响见表5-2。

表5-2　电子装配过程中各种污染物的来源及影响

类型	污染物	来源	影响
极性	电镀盐类	PCB 及元器件引线上残留物	降低可焊性
	酸性腐蚀液	PCB 及元器件引线上残留物	击穿，漏电，组件附着力降低
	有机卤代物、有机胺类	助焊剂残留	元件或电路被腐蚀，引线断裂，砂眼，降低可焊性
非极性	松香残渣	助焊剂	出现白色污点等不良外观质量
	树脂类残留	PCB 组装	导致电接触不良
	润滑油或油脂及硅橡胶	保护掩膜操作	吸附灰尘，产生离子型污染
	指纹、防护用品等	人工操作过程	降低可焊性
颗粒物	焊接球	焊接缺陷	产生气孔，造成短路
	焊料槽内浮点	焊料槽	影响焊点牢固性
	灰尘、纤维	工作环境	影响光敏电路
	金属杂质	焊接过程	造成焊连错误

金属清洗主要应用于金属加工业中，清洗的污染物主要包括颗粒性残留物、各类油脂、热黏附物、抛光膏残留物、指纹、涂料、沾污剂、油墨等。精密清洗需要清洗的污染物主要包括：灰尘、指纹、头皮、毛发及化妆品等人体污染物；服饰、纸品、薄纱、纤维磨毛；金属粉末、玻璃及橡胶等的磨耗粉末、光刻胶等油污；液晶生产制造过程中的残留物等。这些残留物或污染物使用溶剂进行清洁时，一般经过超声清洁、气相清洁的过程。

超声清洗的原理是利用超声波使液体发生振荡并产生许多微小气泡，这种气泡在超声波纵向传播的负压区形成、生长，而在正压区迅速闭合。在这种"空化"效应的过程中，气泡闭合形成瞬间高压，不断对清洗表面进行冲击，使清洗件表面和缝隙中的污物脱落，达到洗净的目的。对于助焊剂、油脂、树脂、油墨等非极性有机物一般采用超声溶剂清洗会有很好的清洗效果。一般的超声溶剂清洗工艺流程如图5-1所示。该工艺适用于洁净度要求高、能经受超声波振动的PCB（光板）、金属部件以及精密机械零件。超声清洗工艺常应用于几何形状比较复杂的工件的清洗，它们一般具有深孔、小孔、弯孔、盲孔、凹槽等特征，用常规的清洗工艺无法清洗彻底。

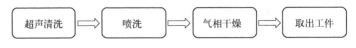

图5-1　超声溶剂清洗工艺流程

但超声清洗工艺不适用于一些电子部件或精密器件，如GJB 3243—1998《电子元器件表面安装要求》明确规定超声清洗是不允许的。超声清洗对电子元器件的损害主要包括以下两个方面：①超声波的"空化"效应对电子元器件的内连线的损坏，特别是在超声波频率较低（20～30kHz）时，"空化"效应强度非常大，更容易对电子元器件造成致命损伤。有关专家认为，当超声波频率高于40kHz时，超声波对电子元器件的影响较小，但这时超声波对污染的清洁能力也大大降低。②超声波产生的静电感应对集成电路造成一定程度的破坏，特别是对互补金属氧化物半导体（CMOS）电路。

对于超声振动容易造成损坏的工件的清洗可以选择气相清洗。先将工件放置于蒸气区，清洗剂蒸气与工件接触后产生凝露，并与工件表面的污物发生溶解作用，污物随着液滴一起下落；然后打开喷淋枪或固定喷头，用蒸馏回收下来的洁净液喷洗工件，喷淋时由于有液体冲击作用，残留污物被冲刷掉；最后工件置于气相区中，由于蒸气有一定温度且极易挥发，故当工件被取出后即已干燥。整个清洗周期视工件及污染程度不同，一般仅需几分钟。由于被清洗的工件是在清洗剂的蒸气内进行清洗，清洗后，工件不再浸入被污染的液体中浸洗，故特别适用于洁净度高的工件，工件没有二次污染，可达到完全洁净的效果。气相清洗流程见图5-2。

图5-2　气相清洗流程

除了以上两种清洗工艺外，还有喷洗、浸洗、手工刷洗等。

① 喷洗：在闭合容器中，清洗剂以较高的压力对被洗物进行冲洗。喷

洗又可分为批量清洗和连续清洗。

②浸洗：预先将清洗液置于清洗槽中，再将被清洗物浸于其中的清洗方法。浸洗又可分为喷流清洗、离心清洗和半水乳化清洗。

③手工刷洗：刷洗只能粗略清除被清洗件上的污物，且容易导致静电的产生，造成电路器件损坏。

第三节　常见的ODS替代物及应用

ODS清洗剂具有许多优点，在清洗剂替代品选择上，很难找到理化性质、清洗效果、废物处理工序等综合因素完全相当的替代品。但是，在实际工作中选择针对某一产品的清洗剂时，当替代清洗剂在能满足该产品清洗要求的前提下可进行差异性接受，并对替代全过程进行优化，包括工艺优化、清洗设备升级、安全措施规定与干燥工艺改进及回收工艺优化等一系列工作，必要时对部分设备进行升级或更换。

曾被广泛使用的清洗剂CFC-113、TCA和CTC，均属于ODS受控物质，已被禁用和淘汰。替代品HCFC-141b的ODP值和GWP值均比CFC-113大幅降低，在清洗行业得到大量应用。随着科技的进步，清洗行业也迎来了技术变革，免洗工艺、水基清洗工艺以及半水基清洗工艺、新型溶剂清洗工艺等得到推广和应用。常见的ODS替代物一般分为非卤代烃类、氯代烃类、溴代烃类、氢氟烃类、氢氟醚类等清洗剂（表5-3）。

表5-3　常见的替代清洗剂类型及代表产品

替代清洗剂类型	典型代表
非卤代有机溶剂类	脂肪烃，芳香烃，醇类（乙醇、丙醇、异丙醇、正丁醇、环己醇、戊醇等），酮类（丙酮、丁酮、环己酮等），矿物油
氯代烃类	二氯甲烷、三氯乙烯、四氯乙烯、氯甲苯、三氟甲苯
氢氯氟烃类	HCFC-141b

替代清洗剂类型	典型代表
氢氟烃类	HFC-4310mee、HFC-365mfc
氢氟醚类	HFE-7100、HFE-7200
溴代清洗剂	溴代正丙烷（n-BP）
硅氧烷类	六甲基二硅氧烷、八甲基三硅氧烷等

由于相似的物理化学性质和较低的价格，HCFC-141b被作为CFC-113的主要过渡性替代品使用。HCFC-141b具有性质稳定、不易燃烧、毒性低、挥发性强及溶解油脂能力强等特点，但与CFC-113的分子结构存在差别，这导致它们的理化性质不尽相同，如沸点、溶解性、蒸发能等。在环境性质方面，HCFC-141b的ODP值为0.11，约是CFC-113的1/10，使用HCFC-141b替代CFC-113有利于保护环境；它在航天航空、电力、通信、医疗、印刷等领域有广泛的应用，可用来清洗光学元件、继电器、车床、电梯控制器、电动机线圈、通信设备、医疗设备、印刷线路板等。HCFC-141b既可清洗印刷电路板组件上的助焊剂残留物，又不损伤印刷电路板组件上对溶剂敏感的元件，还可以清除精密仪器和金属表面的污染物，达到微米级的净度。HCFC-141b可以清洁大部分常用的塑料、橡胶和金属构件，但HCFC-141b对少数材料有溶胀作用，如丙烯腈-苯乙烯-丁二烯共聚物（ABS）、聚甲基丙烯酸甲酯（PMMA）、PS等；在有水存在时，锌、镁、铝等活泼金属会与之发生反应，对此类材料组成的精密构件不宜使用HCFC-141b进行清洁。

非卤代有机清洗剂又可以分为脂肪烃类、芳香烃类、醇类以及酮类，这些溶剂能够有效除去各类油污、油脂及助焊剂，且无明显腐蚀性，在一些领域得到应用，比如航空发动机零部件清洗、电子组装等。但是这类清洗剂一般具有易燃易爆的特点，对设备要求较高，且前期投入较大等，因而其应用范围受到很大的局限。

氯代烃清洗剂的ODP值一般在0.005～0.007，几乎不会对臭氧层造成破坏，且具有溶解油脂能力强、沸点低、比热容小、蒸发潜热少、不易燃烧等优点，在一些金属部件清洗方面得到较多应用。但一些氯代烃在光照和水分存在下会产生腐蚀性氯化氢，对设备造成腐蚀；在强碱性条件下，一些氯代烃会发生反应，造成爆炸。另外，这类物质一般具有毒性高的缺点，因此其应用也受到了较大的限制。

溴代烃清洗剂的代表性产品为正丙基溴（*n*-PB），它的主要技术参数与TCA几乎完全一样，其部分性能甚至优于CFC-113和TCA，表现出更好的湿润性能，更强的清洗能力，无闪点，重复利用率高，运行成本很低，被称为"第三世界的替代清洗剂"。其应用范围包括了大多数传统ODS溶剂使用的领域，如金属材料及塑料材料部件的清洗，电子行业助焊剂清洗，精密仪器、光学仪器清洗，制作气雾剂等。许多厂商在喷雾器、液化石油气或二氧化碳推进剂中使用*n*-PB作为配料。*n*-PB具有比传统氯碳溶剂高4倍的溶解力，因此其用量大大减少，从而使废料减少，成本也因此被削减。与三氯乙烯（87℃）和TCA（74℃）相比，溶剂的沸点更低（69.5℃），从而减少了能源消耗。除此之外，*n*-PB的ODP值（0.006）和GWP值均很低，在大气中寿命为11天，相比于ODS清洗剂，它的环保性更好。缺点是目前对其毒性尚无确切的数据，使用过程中应当控制它在空气中的暴露浓度。

其他ODS替代品有萜烯、氢氟烃、氢氟醚和硅氧烷等，如HFC-4310mee（1,1,1,2,2,3,4,5,5,5-十氟戊烷）、HFC-365mfc（1,1,1,3,3-五氟丁烷）、HFE-7100和六甲基二硅氧烷等。

第四节　新型清洗剂的管控及推广

CFCs、HCFCs、TCA、CTC等均属于ODS受控物质，曾经或正在作为清洗剂用于溶剂清洗行业。我国清洗行业ODS淘汰计划明确要求：2004

年起除必要用途外，禁止消费CTC清洗剂；2006年起除必要用途外，禁止生产、销售和消费CFC-113清洗剂；2010年起除必要用途外，禁止生产、销售和消费TCA清洗剂。因此，清洗剂样品中不应含有CTC、CFC-113和TCA三种已禁用的化合物。此外，对于过渡性替代品HCFC-141b，2025年比2013年生产和使用冻结水平需削减67.5%，2030年实现除维修和特殊用途以外的完全淘汰。

《〈蒙特利尔议定书〉基加利修正案》于2016年10月在卢旺达基加利通过将氢氟碳化物（HFCs）纳入《蒙特利尔议定书》管控范围，开启了议定书协同应对臭氧层耗损和气候变化的历史新篇章。2021年6月17日，中国常驻联合国代表团向联合国秘书长交存中国政府接受《基加利修正案》的接受书，根据有关规定，修正案已于2021年9月15日对中国生效。同时，2021年10月25日，生态环境部、商务部、海关总署发布了共同修订的《中国进出口受控消耗臭氧层物质名录》，名录中明确提出对HFC-365mfc、HFC-245fa等氢氟烃类物质实行许可证管理制度。这意味着氢氟烃类清洗剂的生产和使用必将受到越来越严格的管控和削减。

其他常规ODS替代有机溶剂，因其易燃易爆的性质，或因其较高的毒性，在生产、运输和使用过程中都受到严格的安全监管和职业健康监管。在满足清洗要求的情况下，推广免清洗、水基清洗、半水基清洗等替代技术是大幅缩减ODS物质和替代有机溶剂的重要途径。

按照应用领域的不同，免清洗技术一般分为两大类：一类主要应用于电子行业，包括免清洗波峰焊技术、免清洗回流焊技术；另一类主要应用于金属零部件加工的免清洗挥发性冲压油技术或特殊的成型工艺。免清洗技术与不清洗是有明显区别的，免清洗技术是通过对加工工艺自身进行技术革新和加工过程中使用特殊的助剂实现免洗，并能满足高洁净度的标准要求；不清洗是指在加工工艺没有改进升级和使用传统助剂后不对组件进行清洗就可以满足要求的情况，它一般针对洁净度要求较低的产品，如家电产品、低成本办公设备等。免清洗技术所涉及的技术问题主要是加工助剂和加工工艺的技术提升，所以其技术壁垒较高。但是，免清洗技术一旦得到应用，不仅可以大大缩短工序流程，提高生产效率，节约生产成本，还可以降低清洗过程造成的产品损伤，提高产品的质量。

水基清洗是用溶有水基清洗剂的水溶液作为清洗介质，去除塑料制品、光学玻璃器件和金属表面油污及油脂的方法。水基清洗剂和清洗工艺条件的选择是该技术的关键，水基清洗剂一般具有纯度高、水溶性好、易漂洗、残留少或无残留、废水易于处理等优点。水基清洗剂一般由表面活性剂、乳化剂、渗透剂、纯水等物质部分或全部组成，如何对清洗器件快速干燥和后续废水处理是水基清洗剂替代ODS清洗的难点。水基清洗技术具有以下优点：①无腐蚀性，对清洗器件无损伤。②无可燃可爆性，清洗过程对设备损坏少，易于实现，对操作人员安全。③无毒害性，无臭氧层破坏作用，对人和其他生物安全，对环境友好。因此，水基清洗具有非常广阔的市场前景。

半水基清洗工艺是指有机溶剂和水在表面活性剂作用下形成乳液作为清洗剂，是溶剂清洗和水基清洗结合的清洗工艺，在工序后端需要用纯水进行漂洗，产生的废液需要专门收集和处理。该清洗工艺既有溶剂清洗的表面清洁度和除油效果，也具有水基清洗不挥发、不燃、不爆、费用低的特点，但同时存在干燥和漂洗困难等缺陷，清洗工艺基本上与水基清洗一致。其关键技术是溶剂的选择和乳化剂的选配。

对于航空航天设备、核设备与器件、军事装备等要求极高可靠性的电路板、厚膜电路，或对水敏感的元器件，n-PB、二氯甲烷、三氯乙烯等清洗剂可替代传统ODS清洗剂对该类器件进行清洗。

另外，超临界流体清洗、等离子体清洗和紫外-臭氧清洗等先进清洗技术也趋于成熟，可被应用于电子清洗和精密清洗，由于臭氧对人体健康有危害，使用这种化合物的工作场所应符合所制定的限制标准。

参考文献

[1] 唐艳冬，李德福. ODS清洗替代技术为清洗行业带来的机遇和挑战 [J]. 清洗世界，2007, 23(9): 32-37.

[2] 陈正浩. 印刷电路板组装件绿色清洗技术 [J]. 电子工艺技术，2007, 28(6): 367-369.

[3] 张剑波，胡建信. ODS替代品正丙基溴的环境特性及应用前景 [J]. 洗净技术，2003(07M): 5.

[4] 于晓，吴晓蔚，车礼东. GHS第3修订版的更新和臭氧层的保护 [J]. 职业与健康，2013, 29(08): 994-997.

[5] 高凌云. 清洗行业含氢氯氟烃淘汰面临的挑战及应对策略 [J]. 浙江化工，2016, 47(12): 12-16.

[6] 高凌云. 清洗行业含氢氯氟烃淘汰行动回顾与展望 [J]. 清洗世界，2016, 32(12): 26-30.

第六章

氢氟碳化物的管控计划

第一节　氢氟碳化物的主要应用领域

2016年10月15日,《蒙特利尔议定书》缔约方在卢旺达基加利召开了第28次缔约方会议,在此次会议上就逐步减少18种氢氟碳化物(HFCs)达成协议,形成了《基加利修正案》。《基加利修正案》将受控温室气体HFCs纳入《蒙特利尔议定书》进行管控。HFCs虽然不是消耗臭氧层物质,但属于强效温室气体,具有高或非常高的全球变暖潜能值,是《京都议定书》中受控温室气体之一,其生产量和消费量的增长会对全球升温产生较大影响。

HFCs的生产和消费,是为了替代氯氟烃(CFCs)及含氢氯氟烃(HCFCs)。全球已经于2010年完成了CFCs等ODS的淘汰。自2013年开始,根据《蒙特利尔议定书》的相关规定,其中的第五条款国已经开始逐步削减和淘汰HCFCs,而HFCs作为HCFCs的替代物质之一,在未来几年内的需求量会明显增加。大气中HFCs的排放主要来自于人为源,HFCs广泛用于制冷剂、泡沫发泡剂、清洗剂、灭火剂、气雾剂等,其生产量和消费量随着对ODS的替代以及人类经济生活水平的提高正在迅速增长。

我国是当前世界上最大的HFCs生产国和消费国,其HFCs生产量初步估计超过全球总量的50%,并有大量HFCs用于出口。HFCs在制冷剂、灭火剂、发泡剂等领域作为CFCs的替代品而广泛使用,在汽车制冷行业中HFC-134a可替代CFC-12,氢氟类灭火剂(HFC-23、HFC-227ea、HFC-236fa)可作为哈龙替代品,HFC-245fa、HFC-365mfc和HFC-356mffm等具有与CFC-11及HCFC-141b相类似的发泡性能。此外,HFC-152a、HFC-23等氢氟烃系列的产品在混配制冷剂、发泡剂、气雾喷射剂中也有广泛应用。

一、制冷剂

制冷行业是《蒙特利尔议定书》规定禁止、配额生产和消费ODS的重点行业之一，也是《基加利修正案》受控的HFCs的重点行业之一。按照修正案的要求，自2019年1月1日起，大部分的发展中国家要求在2024年开始冻结HFCs的消费和生产，并从2029年开始削减，第一阶段削减10%，到2045年削减80%。

自制冷剂发展进入第三阶段后，为了保护臭氧层不受破坏，作为CFCs和HCFCs制冷剂的环保型替代物，HFCs制冷剂在制冷系统中占据了重要的地位。当前，主要应用于不同制冷场合的HFCs制冷剂主要有HFC-134a、R404A、R410A以及R407C等。HFC-134a主要用于汽车空调、冷藏运输以及大型冷水机组中，全球范围内新生产汽车已经完成了对HCFC-22的替代，其中最主要的替代物就是HFC-134a。R404A是HFC-125、HFC-134a和HFC-143a的混合物，广泛地应用于商业、工业制冷系统和运输冷藏中。R410A是HFC-32和HFC-125的混合物，目前主要应用于家用空调器与热泵热水器等场合。R407C是HFC-134a、HFC-32和HFC-125的混合物，主要用于冷水机组，但是其使用量已在逐步减少。

二、发泡剂

第一代全氯氟烃类物理发泡剂氟利昂的代表物是CFC-11。杜邦公司在1958年首次用CFC-11作物理发泡剂成功制备了硬质聚氨酯泡沫塑料。但是鉴于CFCs对大气臭氧层的严重破坏性，按照《蒙特利尔议定书》的相关规定，我国已于2010年1月1日全面禁止生产和使用CFCs。CFC-11的替代品是含氢氯氟烃（HCFCs），目前在我国使用较为普遍。HCFCs中用作硬质聚氨酯泡沫塑料发泡剂的主要化合物是一氟二氯乙烷（HCFC-141b）、二氟一氯甲烷（HCFC-22）等。HCFCs作为一种过渡性的发泡剂，由于它对臭氧层的破坏力仍较大，也即将面临淘汰。氢氟烃（HFCs）类物质中分子中不含氯原子，不破坏臭氧层，是替代"第二代"发泡剂 HCFC-141b 的"第三代"发泡剂。较受关注的 HCFC-141b 替代物种类有 HFC-134a、HFC-245fa 等。

大多数 HFCs 不燃、低毒、气相热导率较低，分子量较其他的 CFCs 替代物高，在聚氨酯硬泡的泡孔内它们具有较低的气体扩散速度，因此泡沫的长期绝热性能好。随着 HCFCs 的禁用，HFCs 发泡剂的工业化趋势越来越明朗。

三、清洗剂

氟系清洗剂在有机溶剂清洗剂中占据很大比例。由于卤素原子的强吸电子能力，该类化合物既可清洗非极性的有机污染物，又可清洗极性的无机污染物。该类化合物还具有表面张力和黏度较小、易挥发等优点，因此被广泛用于液晶、显像管、高档印刷电路板、汽车化油器、精密仪器仪表部件、医疗器械、卫星、雷达等清洗中。

随着人们环保意识的不断提高，氟系清洗剂的发展先后经历了以 CFCs、HCFCs 为主要成分的过滤型 ODS 类有机溶剂清洗剂及以 HFEs（氢氟醚）、HFCs（氢氟碳化物）、n-PB（正溴丙烷）、PFCs（全氟化碳）等为主要成分的非 ODS 有机溶剂清洗剂两个重要阶段。非 ODS 有机溶剂清洗剂有对臭氧破坏较小或不破坏、对环境污染小等优点，成为了 ODS 清洗剂的理想替代品。

氯氟烃（CFCs）的特点是稳定性差，一旦分解会生成非金属性极强的氯（Cl）、氟（F）原子，破坏大气的臭氧层，我国已承诺于 2010 年全面禁止使用 CFCs。至此，第一代清洗剂被逐步淘汰。含氢氯氟烃（HCFCs）类清洗剂常用的是 HCFC-123 和 HCFC-141b，HCFCs 是过渡型的 ODS 替代品，虽然其 ODP、GWP 较 CFCs 都有明显的下降，但它对臭氧层仍会造成一定的破坏，因此，HCFCs作为第二代清洗剂也只能是临时替代CFCs。氢氟烃（HFCs）的ODP值为零，是ODS的长期替代品。HFCs清洗剂有HFC-4310mee（1,1,1,2,3,4,4,5,5,5-十氟戊烷）、HFC-245fa（1,1,1,3,3-五氟丙烷）和HFC-365mfc（1,1,1,3,3-五氟丁烷）。

HFC-4310mee具有表面张力低、润湿渗透性好、化学性质稳定、不燃等优点，可替代CFC-113和HCFCs用于电子清洗、精密清洗、金属清洗、喷雾清洗等领域。HFC-245fa主要用于清洗印刷线路板、磁头、继电器、各种通信设备、医疗设备、珠宝等精密清洗领域，但其最大的缺点是沸点比一般的清洗溶剂要低得多，这也意味着必须对清洗设备进行重新设计。HFC-365mfc是新开发的一种ODS替代品，主要用于清洗和泡沫行业。HFC-365mfc具有毒性低、材料相容性好、价格低廉等优点，用于替代CFC-113和HCFC-141b，其缺点是具有一定的可燃性。

四、灭火剂

气体灭火系统作为最有效最洁净的灭火手段，具有稳定可靠、安装维护简便等优势，越来越多地应用于可燃气体、可燃液体、电器以及计算机房、重要文物档案库、通信机房、微波机房等不宜用水灭火的火灾场所。传统的哈龙气体灭火剂，灭火性能优异，曾广泛应用于工业和民用建筑、国防建设中。但哈龙灭火剂会破坏臭氧层，已被《蒙特利尔议定书》定期淘汰。我国公安部消防局于2001年下发的文件《关于进一步加强哈龙替代品及其替代技术管理的通知》（公消〔2001〕217号）中明确指出，3种氢氟烃灭火剂（HFC-23、HFC-227ea、HFC-236fa）可以作为哈龙替代品。

三氟甲烷（CHF_3，HFC-23）作为第一代替代哈龙的HFCs类灭火剂，其优点为沸点低、毒性小等，但具有灭火效率低且GWP高的缺点，适用于严寒地区和高位火灾防护，可用于扑灭可燃气体、液体、固体和电器表面火灾。六氟丙烷（$C_3H_2F_6$，HFC-236fa）灭火剂与普通金属和常用橡胶相容性较好，突出优点是灭火效率高且沸点和蒸气压与哈龙1211相近，但其GWP值较高，因此可作为手提式灭火器中哈龙1211灭火剂的理想替代品。七氟丙烷（C_3HF_7，HFC-227ea）毒性小、灭火效率高，是最成功的替代哈龙1301的灭火剂之一，是我国公安部推荐的洁净灭火剂。

HFCs灭火剂不产生含溴、氯元素的化合物，对大气的臭氧层无破坏作用，其物理性质也与哈龙灭火剂相似，具有灭火效率较高、灭火后无残留、能规模化生产、产品使用和维护价格相对合理等优势，而且电绝缘性好、分散速度快、无腐蚀性、性能稳定，已经成为目前最常用的洁净灭火剂。虽然HFCs灭火剂在大气中存活寿命较长，对全球温室效应会有较大影响，美英等国也已经将其列入受控使用计划名单，但由于测试和批准新型灭火设备需要漫长的过程，21世纪初期HFCs灭火剂仍然会是最常用的洁净气体灭火剂。并且随着哈龙灭火剂的全面禁止使用，HFCs灭火剂的生产量和使用量会越来越大。

五、气雾剂

气雾剂是由容器、阀、有效成分添加剂及加压物质（抛射剂）等组成的喷射系统，它具有高效快速、使用方便、清洁美观等优点。抛射剂，又称发射剂，是气雾剂中液体以雾状喷射的动力来源，是气雾剂必不可少的关键组成之一，同时也是溶解或分散产品物料的介质。气雾剂中抛射剂与物料同封于耐压容器中，使用时借抛射剂的压力将内容物喷出，实际上喷出物中不仅含有产品物料，还有部分液相抛射剂。当喷出物离开喷嘴的一瞬间，随着压力的解除，夹杂在喷出物中的抛射剂瞬间汽化，其汽化的能量会使得物料粉碎，从而使喷出物细化。

气雾剂行业是《蒙特利尔议定书》规定禁止、配额生产和消费ODS的重点行业之一。其中抛射剂的产品中有一类为氢氟烃（HFCs），为饱和烷烃，极性小，无毒，在常温下是无色无味的气体，具有较高的蒸气压，而且其溶解性好，可与绝大多数气雾剂物料相溶。在HFCs系列抛射剂中，最常用的有HFC-134a及HFC-152a。HFCs结构中不含有氯原子，对大气层中的臭氧层无破坏力，不属于消耗臭氧层物质。HFC-134a是一种无色、无味、不可燃的气体，在常压下以液态存在，其蒸气-空气混合物在温度低于280 ℃时不具有爆炸性；HFC-152a在大气中的生存周期仅有1.7年，它的GWP为124。

第二节　涉及氢氟碳化物的主要生产工艺分析

2021年12月28日，生态环境部、发改委、工信部联合发布了《关于严格控制第一批氢氟碳化物化工生产建设项目的通知》（环办大气〔2021〕29号）。该通知是为确保能实现《基加利修正案》履约目标，综合考虑了我国HFCs生产行业现状、下游HFCs消费行业需求及相关替代技术发展现状，分物质、分批次地对HFCs化工生产建设项目实行管控。此次第一批优先管控的是生产规模大、全球变暖潜能值高、替代路线明确的5种HFCs的化工生产建设项目，这5种物质包括二氟甲烷（HFC-32）、1,1,1,2-四氟乙烷（HFC-134a）、五氟乙烷（HFC-125）、1,1,1-三氟乙烷（HFC-143a）和1,1,1,3,3-五氟丙烷（HFC-245fa）。本节就针对这5种物质的生产工艺进行简单的分析。

一、二氟甲烷（HFC-32）

根据原料工艺，目前HFC-32合成的主要方法有含氢氯氟烃氢解还原法、甲醛氟化法、三噁烷法、二氯甲烷氟化法等。

1. 含氢氯氟烃氢解还原法

氢解还原法是以CFC-12或HCFC-22为原料，采用以活性炭为载体的催化剂。Pd、Pt、Rh、Ru等有效催化成分负载在活性炭上，在高温加压下合成HFC-32。研究发现以CFC-12作原料，采用以活性炭为载体的催化剂，活性组分Pd能分散得比较均匀，对HFC-32的选择性最好。

2. 甲醛氟化法

甲醛氟化法是采用甲醛和HF为原料，以铬或其氟氧化物为催化剂，在高温、常压下，首先生成二氟甲基醚，利用溶剂分离二氟甲基醚，再通过氮气鼓泡汽化在铬镍铁合金反应器中进一步氟化生成HFC-32。二氟甲基醚几乎完全转化，HFC-32的收率约为70%。该方法虽然选择性和转化率都不错，并且可以避免HCFC-31的生成带来的分离问题，但是该方法会有一定量的水生成，反应器腐蚀较严重。其反应式如下：

$$2HCHO + 2HF \longrightarrow FCH_2—O—CH_2F + H_2O$$

$$FCH_2—O—CH_2F + 2HF \longrightarrow 2CH_2F_2 + H_2O$$

3. 三恶烷法

此法为利用三恶烷，在BF_3催化剂存在下反应生成HFC-32，由于转化率和选择性均不理想，而且原料三恶烷不容易得到，故工业化应用很少。

4. 二氯甲烷氟化法

在二氯甲烷工艺中，以二氯甲烷和HF为原料生产HFC-32的反应式如下：

$$CH_2Cl_2 + HF \longrightarrow CH_2ClF + HCl$$

$$CH_2ClF + HF \longrightarrow CH_2F_2 + HCl$$

$$2CH_2ClF \longrightarrow CH_2F_2 + CH_2Cl_2$$

根据反应相态的不同，二氯甲烷法又分为气相氟化法和液相氟化法。

液相氟化法一般在加热、加压下反应，将二氯甲烷与无水HF以一定比例加到含有催化剂的反应器中合成HFC-32。气相氟化法是将二氯甲烷与无水HF加热汽化以后，投入填充催化剂的反应器中，在高温、常压或微正压工况下合成HFC-32。在氟化反应过程中，由于HCFC-31有剧毒，易于在系统中形成污垢，增加管道阻力，所以通过工艺控制尽量避免HCFC-31的产生。

综合以上各种方法，其中以二氯甲烷与HF为原料，液相或气相氟化制备二氟甲烷法的工业应用最为普遍。

二、1,1,1,2-四氟乙烷（HFC-134a）

目前，HFC-134a的合成路线有十几种，综合考虑原料来源、生产工艺和三废污染等因素，在实际工业化生产中采用的合成路线有两种，即四氯乙烯路线和三氯乙烯路线。

1. 四氯乙烯（PCE）路线合成HFC-134a

该路线主要反应为四氯乙烯→CFC-113/114/114a→HFC-134a，主要化学反应式如下：

$$Cl_2C=CCl_2 + Cl_2 + 4HF \xrightarrow{\text{催化剂}} CClF_2CClF_2 + 4HCl$$

$$CClF_2CClF_2 \xrightarrow{\text{异构化}} CF_3CFCl_2$$

$$CF_3CFCl_2 + 2H_2 \xrightarrow{\text{催化剂}} CF_3CH_2F + 2HCl$$

因为只有CFC-114a能够加氢脱氯合成CFC-134a，所以CFC-114a的异构化是关键步骤，这一步反应对催化剂要求较高。四氯乙烯路线合成HFC-134a尽管已经工业化，但是仍有许多问题待解决，特别是氢化过程中会放出大量热，使催化剂容易结焦，缩短寿命。另外，反应过程中HFC-134a的选择性也不高，杂质不易分离。

2. 三氯乙烯（TCE）路线合成 HFC-134a

以三氯乙烯和氟化氢为原料，在催化剂作用下，第一步进行加成和取代反应生成三氟一氯乙烷（HCFC-133a），然后在更强的条件下进一步氟化生成 HFC-134a。主要化学反应式如下：

$$Cl_2C=CHCl + 3HF \xrightarrow{\text{催化剂}} CF_3CH_2Cl + 2HCl$$

$$CF_3CH_2Cl + HF \xrightarrow{\text{催化剂}} CF_3CH_2F + HCl$$

在三氯乙烯合成路线中，氟化工艺主要有气相法、液相法、气液相法等。气相法：首先是将 TCE 和 HF 经汽化、混合通入第一反应器中，完成第一步反应生成 HCFC-133a；然后将 HCFC-133a 与 HF 混合进入温度更高的第二反应器中完成第二步反应，HCFC-133a 部分转化为 HFC-134a，未反应的 HCFC-133a、HF 与 HFC-134a 精馏分离后循环使用。气相氟化法的核心技术就是高活性、高选择性、高稳定性催化剂的制备。气相法具有三废少、反应易控制、催化剂寿命长等优点，现已成为普遍采用的方法。液相法：第一步反应与 CFC-12 的合成工艺类似，将 TCE 和 AHF 在催化剂作用下反应生成 HCFC-133a；第二步 HCFC-133a 和氟化钾水溶液在高温高压下反应生成 HFC-134a。此合成路线存在工艺条件苛刻、设备腐蚀严重、三废处理困难的弊端，不利于大规模、连续化生产。气液相法：第一步采用液相法，第二步采用气相催化法将 HCFC-133a 转化为 HFC-134a。对大多数原生产 CFCs 的老厂来说，气液相法也是一条可行的工艺路线。

三、五氟乙烷（HFC-125）

HFC-125 广泛用作制冷剂，还广泛用作发泡剂、溶剂、喷射剂和干蚀刻剂。目前成熟的工业生产路线主要有以下几种：①以四氟乙烯（TFE）

为原料的液相氟化法；②以四氯乙烯为原料的气相催化氟化法；③以三氯乙烯为原料的气相催化氟化法。

1. 以四氟乙烯为原料的液相氟化法

此路线是以四氟乙烯和氟化氢为原料，经加成反应一步合成五氟乙烷。四氟乙烯液相氟化法工艺流程见图6-1。

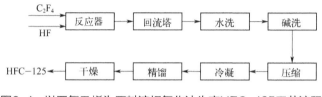

图6-1　以四氟乙烯为原料液相氟化法生产HFC-125工艺流程

四氟乙烯和氟化氢加成反应对HFC-125的选择性相当高，一般在99.9%以上，反应产物经过简单的处理即可得到纯度很高的产品，这是此路线的最大优点。但是由于四氟乙烯难以储存和长距离运输，另外以前四氟乙烯的生产成本较高，采用这一路线在经济上是不适宜的，所以这一路线并未得到广泛采用。近年来，随着国内四氟乙烯生产工艺的发展，其制造成本已经大幅度降低，而市场对HFC-125的需求日趋高涨，使得这一路线逐渐受到重视。对于已有四氟乙烯单体生产装置的厂家来说，采用此工艺是非常适宜的，目前国内有TFE单体装置的厂家几乎都采用这条路线。

2. 以四氯乙烯为原料的气相催化氟化法

该合成反应分两步，分别在两个反应器中进行。氟化氢与四氯乙烯在氟化催化剂存在下在第一反应器中进行反应，由此生产富含HCFC-123和HCFC-124的中间体产品。将相应的中间体与氟化氢在第二反应器中反应，由此获得含目标产物五氟乙烷的产品。分离最终产物，粗产品五氟乙烷再进一步精制，反应原料和中间产物分离后循环回收到第一反应器中继续反应。其典型的工艺流程见图6-2。

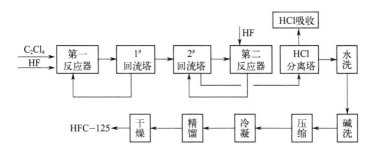

图6-2 以四氯乙烯为原料气相催化氟化法生产HFC-125工艺流程

四氯乙烯工艺原料易得，原料成本较低，工艺技术已较成熟，但工艺路线较长且第一步反应生产的HCFC-123易发生歧化反应，产生CFC-115杂质，增加了产品分离的难度，在一定程度上降低了经济效益。提高产品选择性和单程转化率，降低副产物的产生，是该技术的研究方向。

3. 以三氯乙烯为原料的气相催化氟化法

以三氯乙烯为原料生产HFC-125的工艺过程分为3步：第一步是三氯乙烯和HF进入第一反应器，在200～400℃下进行反应生成HCFC-133a；第二步是HCFC-133a再经提纯及与Cl_2进行氯化反应生成HCFC-123；第三步是HCFC-123再与HF混合进入第二反应器，在催化剂作用下于300～450℃下反应生成HFC-125。其主要工艺流程见图6-3。

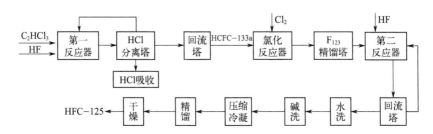

图6-3 以三氯乙烯为原料气相催化氟化法生产HFC-125工艺流程

该路线由于经过氯化反应，选择性不高，有较多的副产物CFC-113a生成，所以最终产物HFC-125的单耗不如前两种路线，但是现有生产HFC-134a的厂家，可以采用比较小的改动生产出HFC-125，生产线具有灵活性，并且具有丰富的产品线。同时，由于采用较高纯度的物料进入气相反应器，从而有效延长气相催化剂的使用寿命，降低再生频率，对于现有HFC-134a的生产厂家改造生产HFC-125也是一种不错的工艺路线。

四、1,1,1-三氟乙烷（HFC-143a）

通常情况下HFC-143a的合成方法分为两大类，分别是液相氟化合成方法和气相氟化合成方法。

1. 液相氟化合成方法

① 以1,1,1-三氟-2氯乙烷为反应物采用液相氟化方法合成HFC-143a。这种方法使用金属化合物和配体作为催化剂，在极性溶剂中，金属单质与1,1,1-三氟-2氯乙烷进行氧化还原反应合成HFC-143a，反应温度要求60～100℃，反应时间5～10h。

② 以HCFC-141b为反应物采用液相氟化方法合成HFC-143a。使用$SbCl_5$作为催化剂，使用HCFC-141b或者HCFC-142b与HF进行反应，反应温度为10～75℃，二者的物质的量之比控制在1：（2.0～2.3）。

③ 用偏二氯乙烯与无水HF反应，采用液相氟化法合成HFC-143a，此反应不需要催化剂作用就可以顺利进行。

2. 气相氟化合成方法

① 以HCFC-141b为反应物采用气相氟化方法合成HFC-143a。这种方法使用活性炭作为催化剂，反应物为HCFC-141b与气相HF，反应温度为200～330℃，二者物质的量之比控制在1：（2.0～2.5）。

② 以R142b为反应物采用气相氟化方法合成HFC-143a。反应开始前加入无水氢氟酸和催化剂，然后加入R142b和气相HF，反应温度为0～50℃，无水氢氟酸与催化剂的物质的量之比控制在（5～20）：1。

③ 以1,1,1-三氯乙烷为反应物采用气相氟化方法合成HFC-143a。在铬基氟化催化剂存在的条件下，通常使用三氧化二铬，反应物为气相HF与1,1,1-三氯乙烷，反应温度为150～280℃，二者物质的量之比为（3～0）：1。

④ 以HCFC-142b为反应物采用气相氟化方法合成HFC-143a。使用铬基催化剂，反应物为HCFC-142b与气相HF，反应温度为150～300℃，二者物质的量之比控制在1：（1～3）。温度较低时转化率也较低，而温度较高时会副产HCFC-1130a和HCFC-1131a，给后续的分离带来难度。

除此之外，还可以偏二氯乙烯为反应物采用气相氟化方法合成HFC-143a。

五、1,1,1,3,3-五氟丙烷（HFC-245fa）

HFC-245fa的合成路线主要有四种：①四氯化碳与氯乙烯发生调聚反应生成五氯丙烷，五氯丙烷与氟化氢反应生成五氟丙烷。②四氯化碳与偏氯乙烯发生调聚反应生成六氯丙烷，六氯丙烷部分氟化生成1,1,1,3,3-五氟-3-氯丙烷，1,1,1,3,3-五氟-3-氯丙烷加氢还原生成五氟丙烷。③1,1,1-三氟-3-氯丙烷光催化作用生成1,1,1-三氟-2,3-二氯丙烷，与氟化氢进一步氟化生成HFC-245fa。④由1,1,1,3-四氯-2-丙烯（HCFC-1230za）氟化生成1,1,1-三氟-3-氯-2-丙烯（HCFC-1233zd），HCFC-1233zd进一步氟化转化为1,1,1,3-四氟-2-丙烯（HFC-1234ze），HFC-1234ze易与氟化氢发生反应，氟化氢过量很少的情况下就可氟化为HFC-245fa。

第三节　常见的氢氟碳化物及其理化性质

HFCs为氟取代烷，分子里不含氯原子，被称作氢氟烃。这类物质的特点是无色透明，无臭，不燃，无发火爆炸的危险性，热稳定性高，不易分解，化学性质不活泼，无腐蚀性，绝缘，易汽化，挥发导热性差，表面张力小，密度大，因此可满足CFCs的替代物的基本要求，被视作CFCs和HCFCs有效替代品的理想选择。这些物质ODP值为0，但其GWP值较高，是二氧化碳的成百上千倍，所以被定性为温室气体，属于《联合国气候变化框架公约》和《京都议定书》所管控的温室气体。

大气中常见的HFCs包括HFC-23、HFC-32、HFC-125、HFC-134a、HFC-143a、HFC-152a、HFC-227ea、HFC-236fa、HFC-245fa、HFC-365mfc、HFC-4310mee等（表6-1）。除HFC-23主要来自HCFC-22工业生产的副产品外，其余HFCs主要用作ODS的替代物。HFC-134a是目前应用最广的HFCs，主要用于汽车空调制冷剂；其他HFCs则分别用于制冷空调行业、烟草行业、泡沫行业和消防行业等。

表6-1　常见的HFCs一览表

序号	目标物	化学式	化合物名称	GWP	CAS号	用途
1	HFC-23	CHF_3	三氟甲烷	14800	75-46-7	深冷机组 HCFC-22 副产品
2	HFC-32	CH_2F_2	二氟甲烷	675	75-10-5	制冷空调行业
3	HFC-125	CHF_2CF_3	五氟乙烷	3500	354-33-6	制冷空调行业
4	HFC-134a	CH_2FCF_3	1,1,1,2-四氟乙烷	1430	811-97-2	制冷空调行业、烟草行业
5	HFC-143a	CH_3CF_3	1,1,1-三氟乙烷	4470	420-46-2	制冷空调行业
6	HFC-152a	CH_3CHF_2	1,1-二氟乙烷	124	75-37-6	制冷空调行业、烟草行业
7	HFC-227ea	CF_3CHFCF_3	1,1,1,2,3,3,3-七氟丙烷	3220	431-89-0	消防行业
8	HFC-236fa	$CF_3CH_2CF_3$	1,1,1,3,3,3-六氟丙烷	6300	677-56-5	消防行业
9	HFC-245fa	$CF_3CH_2CHF_2$	1,1,1,3,3-五氟丙烷	1030	460-73-1	泡沫行业
10	HFC-365mfc	$CH_3CF_2CH_2CF_3$	1,1,1,3,3-五氟丁烷	794	406-58-6	发泡剂、清洗剂
11	HFC-4310mee	$CF_3CHFCHF CF_2CF_3$	1,1,1,2,2,3,4,5,5,5-十氟戊烷	1640	138495-42-8	溶剂、清洗剂

一、三氟甲烷（HFC-23）

三氟甲烷（HFC-23）是一种无色、几乎无味、不导电的气体。其分子量70.01，熔点-160℃，沸点-84℃，密度1.246kg/m³，凝固点-131.1℃，溶于水，溶于乙醇、丙酮。它是一氯二氟甲烷R22（CHClF$_2$）生产过程中产生的一种不可避免的副产物，是一种强温室气体，其GWP值是CO$_2$的14800倍，在大气层中的寿命长达264年，且是目前已知的温室效应第二高的温室气体。

HFC-23是一种高压液化气，可用作制冷剂，替代CFC-13（R-13）。同时又是哈龙1301的理想替代品，具有清洁、低毒、灭火效果好等特点。HFC-23主要用作超低温（-100℃）制冷剂、电子工业等离子体化学蚀刻剂及含氟有机化合物的原料，也可作为有机合成中间体，与多种物质反应制备三氟甲基化合物、二氟甲基化合物、含氟烷烃、含氟烯烃等。

二、二氟甲烷（HFC-32）

二氟甲烷俗称二氟化碳、HFC-32或R32，是一种卤代烃，其分子量52.02，熔点-136℃，沸点-51.6℃，密度1.1kg/m³，常用作冷却剂，是一种热力学性能优异的第二代ODS理想替代品。

HFC-32在常温常压下为无色、无臭气体，在加压状态下为液体，并呈无色透明状态，无毒、不可燃，易溶于油，难溶于水，通常与其他HFCs类产品按组分含量不同混合配成R407、R410等混合制冷剂使用，是一种热力学性能优异的氟利昂替代品，具有沸点较低、制冷系数较大、温室效应系数小等优良性能。

三、五氟乙烷（HFC-125）

五氟乙烷（HFC-125）在常温常压下为无色气体，其分子量120.02，熔点-103℃，沸点-48.5℃，密度1.248kg/m³，凝固点-103℃。HFC-125作为环保型混合制冷剂的重要组分，广泛应用于R404A、R407C、R410、R402A及R507等，用于替代二氟一氯甲烷（HCFC-22）作为制冷剂。此外，它还广泛用作发泡剂、溶剂、喷射剂和干蚀刻剂。

HFC-125的工业合成路线按原料不同可分为四氯乙烯路线、三氯乙烯路线和四氟乙烯路线。虽然国内开发的四氟乙烯路线具有过程简单、原料利用率高、产品质量优等优点，但由于四氟乙烯由HCFC-22生产，原料成本略高，通常在有HCFC-22装置配套的条件下采用。四氯乙烯路线是国外普遍采用的技术方案，其优点是原料来源方便，可同HFC-134a共用一套生产装置，因此也是未来我国HFC-125的原料路线发展方向。与四氯乙烯两步液相法相比，近年出现的四氯乙烯一步液相、一步气相催化氟化法技术成熟可靠、流程短、设备少、投资省、能耗低、产品质量高、运行费用经济、催化剂寿命长、操作维护方便，是未来HFC-125生产技术的发展方向。

四、1,1,1,2-四氟乙烷（HFC-134a）

HFC-134a的化学名称为1,1,1,2-四氟乙烷，是一种无毒、无味、无色、不燃、不爆、热稳定性好的化学物质，其分子量120.02，熔点-101℃，沸点-26.5℃，密度1.21kg/m³，不溶于水，溶于醚，其热力学性能与CFC-12十分相似，在安全性上与CFC-12可以相媲美，已被公认为是CFC-12的最佳替代物。尽管HFC-134a存在一定的温室效应，但这并未影响其成为首选ODS替代品。

HFC-134a作为使用最广泛的中低温环保制冷剂，主要应用于使用R12（CFC-12，二氯二氟甲烷）制冷剂的多数领域，包括冰箱、冷柜、饮水机、汽车空调、中央空调、除湿机、冷库、商业制冷设备、冰水机、冰淇淋机、冷冻冷凝机组等制冷设备中。同时，HFC-134a是新一代非氯氟烃类化合物，作为药用辅料，主要用作治疗哮喘病、慢性呼吸性障碍病气雾剂中的抛射剂。与传统的CFCs类药用抛射剂相比，HFC-134a具有不消耗臭氧、不产生光化学烟雾、化学惰性、毒理学上安全等优点，是一种环保型的药用辅料，也是目前所使用气雾剂中消耗臭氧物质的主要替代品。

五、1,1,1-三氟乙烷（HFC-143a）

HFC-143a的化学名称为1,1,1-三氟乙烷，化学式$C_2H_3F_3$，分子量84.04，熔点−111℃，沸点−47℃，密度0.942kg/m³，难溶于水，常温常压下是一种无色、有轻微醚类气味、无毒、轻度可燃的气体。HFC-143a作为重要的ODS替代品，是制冷剂混合工质R404A和R507的主要组分。HFC-143a是工业上偏氯乙烯（VDC）和HF液相法合成二氟一氯乙烷（HCFC-142b）反应的主要副产物。

HFC-143a不仅是新型混合制冷剂R404A、R408A和R507A的重要组成部分，也可单独作为深度制冷剂。它是一种气味较小的易燃气体，密度比空气大，浓度较高时具有麻醉特性，遇热容易分解，释放出带有剧毒的氟化氢烟雾，能对空气造成一定程度的污染，同时在与空气进行混合时会发生爆炸，具有一定的危险性。

六、1,1-二氟乙烷（HFC-152a）

1,1-二氟乙烷，俗称HFC-152a，是一种无色有微弱气味，不溶于水，但溶于酒精、醚类溶剂的气体，分子量66.05，熔点−117℃，沸点−24.7℃，密度0.966kg/m³，属低毒类化学品，高含量时有麻醉作用，有可燃性，遇强氧化剂会发生剧烈反应。1,1-二氟乙烷是制取氟乙烯和偏氟乙烯的重要原料，也可用作制冷剂、飞机推进剂。

由于1,1-二氟乙烷（HFC-152a）物化性质、热力学性质和CFC-12十分相近，所以是CFC-12的首选替代品。混合制冷剂HFC-l52a/HCFC-22是近年来用于替代CFC-12的主要物质之一，在我国，它被广泛应用于小型制冷器具（如冰箱、冰柜等）。同时，1,1-二氟乙烷（HFC-152a）也作为单工质使用在车辆或小车的空调上。此外，HFC-152a还是生产聚偏氟乙烯树脂的单体。

七、1,1,1,2,3,3,3- 七氟丙烷（HFC-227ea）

1,1,1,2,3,3,3-七氟丙烷（HFC-227ea）在常温常压下为无色、几乎无味、不导电的气体，其密度大约是空气的6倍；在其自身压力下为无色透明的液体，无毒不燃，无腐蚀性，具有良好的热稳定性和化学稳定性。其分子量170.03，熔点-126.8℃，沸点-16.4℃，液体密度（21℃）1403kg/m³，凝固点-131.1℃。HFC-227ea虽然在室温下比较稳定，但在高温下仍然会分解，分解产生氟化氢，有刺鼻的味道。其燃烧产物还包括一氧化碳和二氧化碳。

HFC-227ea属于新式高效灭火气体，具有绝缘性强的特征，在灭火过程中也不容易造成二次污染，被广泛地应用于灭火领域。HFC-227ea属于洁净气体灭火剂，主要用于扑灭A类、B类、C类等各种火灾，还被用作制冷剂和医用喷射剂。HFC-227ea灭火系统适用于以全淹没灭火方式扑救电器火灾、液体火灾或可熔固体火灾、固体表面火灾、灭火前能切断气源的气体火灾，能安全有效地使用在有人工作或停留的场所。HFC-227ea灭火后不留痕迹、不含导电介质的特性，使它在一些必要场所如计算机房、通信机房、变配电室、精密仪器室、发电机房、油库、化学易燃品库房及图书库、资料库、档案库、金库等场所具有其他灭火剂无法替代的优越性。

八、1,1,1,3,3,3- 六氟丙烷（HFC-236fa）

1,1,1,3,3,3-六氟丙烷（HFC-236fa）是一种无色、无味、低毒的气体，CAS号690-39-1，分子式$CF_3CH_2CF_3$，分子量152，凝固点-93.6℃，沸

点-1.4℃，液体密度（20℃）1376kg/m³，饱和蒸气压（20℃）229.6kPa。因其沸点和蒸气压与哈龙1211相近，且具有不腐蚀、不导电、无残渣等优点，被认为是哈龙1211的理想替代品，尤其适用于要求喷后不留痕迹或清洗残留物有困难的场所。此外，HFC-236fa还被广泛用作清洗剂、制冷剂、发泡剂、传热介质及推进剂等。

HFC-236fa的制备方法主要分为液相法和气相法，两种方法均可以使用1,1,1,3,3,3-六氯丙烷（HCC-230fa）作原料进行催化氟化得到HFC-236fa。液相法制备HFC-236fa具有反应温度低的优点，但其反应压力较高，在反应阶段需要使用硫酸等物质，加剧了设备的腐蚀，且所使用的催化剂主要为含锑化合物，毒性较大，对人体危害较大，对环境有较大污染，故此法不利于工业化生产；气相法制备HFC-236fa，具有反应温度低、可连续性生产、对环境的污染较小、成本低等优点，因此被广泛研究。

九、1,1,1,3,3-五氟丙烷（HFC-245fa）

1,1,1,3,3-五氟丙烷，简称HFC-245fa，分子式$CF_3CH_2CHF_2$，分子量134，凝固点-93.6℃，沸点15.3℃，密度（20℃）1.32kg/m³，蒸气压（20℃）122.8kPa，为无色挥发性液体，气味清新微甜；在常温下具有良好的水热稳定性，在高温（>250℃）下，可分解产生有毒、刺激性气体（如HF），使人的鼻喉受到强烈的刺激；在常温常压下不燃烧，但它与空气的混合物在高压或暴露在强火源下可能具有可燃性；属于低毒类化学物质。

HFC-245fa具有与CFC-11和HCFC-141b相似的物理及化学性能，且ODP为零，是CFC-11和HCFC-141b的最佳替代品，被称作第三代发泡剂，是国内主推的发泡剂替代品。HFC-245fa发泡剂能有效改善泡孔结构，降低泡沫的导热系数，从而能有效减少产品在全生命周期内的能源消耗和二氧化碳的排放。此外，HFC-245fa还可以作为制冷剂、清洗剂、热传导介质和气溶胶推进剂等。HFC-245fa的生产一般是以四氯化碳与氯乙烯为原料，通过自由基加成反应得到五氯丙烷，再经催化氟化得到HFC-245fa产品。

十、1,1,1,3,3-五氟丁烷（HFC-365mfc）

1,1,1,3,3-五氟丁烷（HFC-365mfc）是新一代的氢氟碳化合物。它无臭氧消耗潜势，在室温下是无色液体，具有轻微醚味，其分子量148.07，熔点$-34.15℃$，沸点$40℃$，密度$1.27kg/m^3$。HFC-365mfc广泛用作泡沫塑料特别是聚氨酯硬质泡沫的发泡剂、溶剂或制冷剂等。

HFC-365mfc是第三代发泡剂，可替代CFCs类和HCFCs类发泡剂。在需要使用不可燃发泡剂的时候，HFC-365mfc可与其他不可燃的HFCs类产品（如R134a、R227等）配制成不可燃的混合发泡剂；而且HFC-365mfc可与戊烷类发泡剂制成共沸混合物，以改善碳氢化合物的性能。

HFC-365mfc清洗剂兼容性好，可以用于敏感材料的清洗。HFC-365mfc的臭氧消耗潜势为0，并且全球变暖潜能值同HCFC-141b接近，是替代HCFC-141b、AK-225等HCFCs系列溶剂的理想产品。HFC-365mfc清洗剂能清除油、脂、灰尘及树脂焊剂，可清洗印刷线路板、电动机线圈、数控设备、电梯控制器、开关装置、液晶显示器、传动装置、电动装置、磁头等。HFC-365mfc同样也可以用于干燥清洗。

十一、1,1,1,2,2,3,4,5,5,5-十氟戊烷（HFC-4310mee）

1,1,1,2,2,3,4,5,5,5-十氟戊烷（HFC-4310mee），化学式$C_5H_2F_{10}$，是无色液体，沸点$54℃$，密度$1.58g/cm^3$，运动黏度$0.67cSt$（$1cSt=1mm^2/s$），熔点$-80℃$，分解温度$500℃$以上，pH呈中性，难溶于水，无爆炸界限，液体不易着火。因具有极好的惰性、高密度、低黏度、低表面张力、不燃、无毒、无腐蚀性、挥发无残留等优良性能，HFC-4310mee广泛应用于电子清洗、精密清洗、金属清洗、喷雾清洗等领域。

HFC-4310mee 具有不破坏臭氧层、表面张力低、润湿渗透性好、化学性质稳定、不燃等优点，可替代 HCFC-141b 用作清洗溶剂。HFC-4310mee 虽对大多数烃类油、脂、硅油及蜡的溶解能力有限，但它与大多数酯、酮、醇、醚、低级烃等混溶性好，可以形成各种共沸物和混合物，大大地提高了它对各种污染物的溶解能力，同时也降低了产品的成本。HFC-4310mee 可单独或与其他溶剂混合用于清洗、干燥精密设备，清洗液态或气态氧系统，去除微粒、离子、油脂（矿物油、真空油、氟类油和烃类等）、助焊剂和有机硅等。

第四节　氢氟碳化物的管控技术

作为受《蒙特利尔议定书》控制的氟氯化碳（CFCs）和含氢氯氟烃（HCFCs）的替代品，氢氟碳化物（HFCs）由于具有较高的 GWP 值而在近年受到国际社会的广泛关注。《基加利修正案》的核心内容是将 HFCs 纳入《蒙特利尔议定书》管控物质名单，并规定减排时间表。

2021 年 9 月 29 日，生态环境部、国家发展和改革委员会、工业和信息化部正式发布了修订后的《中国受控消耗臭氧层物质清单》。《基加利修正案》生效的背景下，新清单的出炉是中国不断满足履约要求变化的必然产物，将确保对《蒙特利尔议定书》受控物质的全口径管控。新清单增加了 18 种 HFCs 物质，自发布之日起施行。

新清单主要修订的内容总结为两个方面。第一，增补新的受控物质，进一步完善新清单的管理范围。根据《基加利修正案》的履约要求，新清单纳入 18 种 HFCs，并注明其主要用途和削减义务。同时，新清单明确了"受控物质"的定义，受控物质是指议定书附件所载单独存在的或存在于混合物之内的物质。除非特别指明，受控物质应包括该类物质的异构体，但不包括制成品内所含此种受控物质或混合物，而包括运输或储存该物质的容器中的此种物质或混合物。第二，新清单和议定书附件所载内容保持一致。一是针对原清单CFC-113和CFC-114因化学中文名称未包括其异构体的情况，将CFC-113的中文化学名称修改为"三氯三氟乙烷"，将CFC-114的中文化学名称修改为"二氯四氟乙烷"，从而相应地将异构体CFC-113a、CFC-114a等纳入新清单，与议定书附件所载受控物质保持一致。二是按照现行议定书的附件内容，增列部分受控物质的全球变暖潜能值（GWP），以确保新清单与议定书的内容一致。

生态环境部会同有关部门根据履约要求研究制定并出台HFCs有关政策措施。一是开展《中国履行蒙特利尔议定书国家方案》的修订工作，研究HFCs削减的整体战略，提出未来优先实施削减的领域、路线图、政策管理措施等；二是根据《蒙特利尔议定书》要求，生态环境部会同商务部、海关总署已于2021年11月1日起对HFCs进出口正式实施许可证管理；三是制定出台HFCs化工生产建设项目管控政策，以明确的生态环境要求和产业政策指引，表明中国切实履行《基加利修正案》的态度；四是深入研究并适时对HFCs的生产、销售、使用等实行配额、备案管理，以确保中国顺利实现2024年及其后各年度的HFCs生产和使用履约目标；五是已于2021年9月10日印发《关于控制副产三氟甲烷排放的通知》，明确了《蒙特利尔议定书》对副产HFC-23的履约要求及相关监管措施。

一、中国开展HFCs控制的管理体制与政策基础

HFCs作为ODS的替代品，两者的控制工作具有较强的传承性。首先，两者的生产和消费企业具有较强的一致性，即行政管理客体基本不变；其次，相关技术与设备、标准、市场组成和专家等科学知识储备基本相同；最后，虽然两者的控制行动出发点不同，分别是保护臭氧层和缓解气候变化的目的，但两者均属于全球环境问题的范畴，都需要环保、外交、工业发展和财政等多层次多部门交叉合作。基于以上特点，ODS管理人员体制

与政策体系，最有可能也最适合被沿用于领导HFCs控制工作。

1. 中国开展HFCs控制的管理体制基础

目前中国的ODS的政策管理体系具有健全的组织建制、完善的工作机制和丰富的相关工作经验，以18个部委组成的臭氧层保护领导小组为领导核心，自上而下建立起了保护臭氧层的管理监督机构，中央和地方政府相互配合，充分利用了中国现有行政管理框架，将ODS削减工作的诸多方面纳入各部门的日常工作中。而且，该管理体系已经建立了由政府、行业协会、企业、专家和国际机构广泛参与的多方对话与合作机制，积累了丰富的企业协调与国际谈判经验，充分了解了中国的技术沿革和市场参与者更迭情况。

2. 中国开展HFCs控制的政策经验

中国在控制ODS的过程中，结合自身的发展水平和特点，摸索出了一条适应国情的履约工作思路。这一成熟经验主要由基于费用有效性原则的行业削减机制、三证制度构成，可作为后续HFCs控制的制度基础。

① 基于费用有效性原则的行业削减机制。在ODS削减中，为了避免逐个企业管制后"此消彼长，总量难降"的现象，北京大学开发了基于费用有效性的行业削减机制。在行业整体减排任务的框架下，以招投标的形式，鼓励企业根据自身情况以合理价位自主自愿申报减排量，以此分配多边基金对中国ODS控制的经济资助。通过市场调节，综合考虑行业的发展现状、技术现状、替代技术选择、企业规模、削减时间安排、政策等因素，分地区、分行业、分阶段地削减ODS。

② 控制ODS供需源头的三证制度。三证制度包括《生产配额许可证制度》《进出口许可证制度》和《消费配额许可证制度》，从源头上控制住了中国ODS的供需，也构成了中国ODS管理的可交易配额减量措施和进出口控制措施的法规基础。

二、三氟甲烷（HFC-23）管控政策

HFC-23是高GWP的温室气体，国际社会极为关注其减排问题，目前HFC-23的最主要来源是二氟一氯甲烷（HCFC-22）生产过程中无意产生的副产物。三氟甲烷（HFC-23）是我国排放量最大的氢氟碳化物（HFCs），受到《联合国气候变化框架公约》和《蒙特利尔议定书》的管控。

为支持HFC-23的处置工作，2015年5月，国家发改委出台了《关于组织开展氢氟碳化物处置相关工作的通知》（发改办气候〔2015〕1189号），组织开展HFC-23的销毁处置，安排2014年中央预算内投资支持新建HFC-23销毁装置建设，并在2019年年底之前分年度对处置设施的运行进行补贴。目前，该运行补贴政策已于2019年年底结束。该运行补贴政策实施的5年对补贴政策覆盖企业形成了有效激励，HFC-23的销毁处置率达98%，避免了我国企业在国际碳市场对HFC-23项目关门之后，HFC-23直接排空的问题。另外，运行补贴政策旨在对企业自愿减排行为进行激励，因此对于企业销售HFC-23并未做出强制性要求。

2021年9月10日，生态环境部发布了《关于控制副产三氟甲烷排放的通知》（环大气办函〔2021〕432号，以下简称《通知》），明确副产HFC-23履约要求及相关监管措施。《通知》的主要内容有：一是强化企业履约主体责任，提出管控要求。明确了副产HFC-23应采用议定书核准销毁技术尽可能销毁处置的履约要求和相关数据报送要求，强调企业应建立HFC-23副产设施及销毁处置设施运行台账，对HFC-23产生量、销毁量、储存量、使用量、销售量等进行监测和计量。针对HFC-23销毁设施停车以及回收、存储、销毁设施不正常运行等情况，提出防止HFC-23直接排放的管控措施。二是允许HFC-23按议定书规定作为原料用途使用，也可以作为制冷剂等受控用途使用。鼓励企业开展生产技术革新和升级改造，降低HFC-23副产率，开发推广将HFC-23作为原料用途的资源化利用技术，为HFC-23处置提供更优解决方案。三是认真落实监管责任。依法明确了各级生态环境

主管部门履约监管责任，要求各地生态环境主管部门监督和协助企业落实HFC-23管控规定，并对违反规定的企业会同有关部门依法予以查处。

三、HFCs进出口管控措施

随着生态环境保护与国际履约形势的发展，我国在HFCs进出口管理环节面临新的形势。对HFCs的淘汰不仅关系到保护臭氧层，也关系到气候变化，因而在HFCs进出口控制上会更加受到国际机构和各国政府的关注。对未来即将面对的受控物质进出口管控提出可持续性的管理建议，能够为后续管控措施的施行做好保障。

1. 完善政策法规建设，提高依法行政能力

根据批准履约的进程，我国当前拟订的《消耗臭氧层物质和氢氟碳化物管理条例》（修订稿）和《消耗臭氧层物质和氢氟碳化物进出口管理办法》（修订稿）等一系列的政策法规及部门规章，更加有针对性地指导依法依规行政。当前已初步完成了对《基加利修正案》受控物质进行海关编码以及相关名录制定的准备工作，要求对每种物质进行单独编码，列入进出口许可证管理。后续相关机构将不断细化HFCs进出口管理规定并出台HFCs行政审批事项的管理政策。

2. 初步实现HFCs进出口管控信息化

从2021年9月《基加利修正案》在中国生效开始，相关部门就已对现有的ODS进出口管理审批系统进行增容改造，使其能审批HFCs类物质所涉国际贸易。通过HFCs类物质增容及无纸化通关涉及的业务变动和技术环境变动，进行全面的系统性增容建设和优化升级。2021年11月1日，HFCs进出口许可证制度在中国正式实施，使我国能如期开展HFCs进出口许可证管理。按照该制度，从事HFCs进出口业务的企业，应按照《消耗臭氧层

物质进出口管理办法》的规定提出申请，经国家消耗臭氧层物质进出口管理办公室批准后，向商务部或受商务部委托的发证机构申领进出口许可证，凭进出口许可证办理通关手续。同时在受管控企业和物质大幅增加的同时，提升业务自动化水平，实现审批数量、质量和效率的多赢；实现HFCs贸易多维度的统计、分析、预警及核查，全面细化事后监管。

3. 多部委合作，加大HFCs进出口管控力度

参与HFCs国际贸易管控环节的主要部委为生态环境部、商务部和海关总署。为适应HFCs管控要求，对进出口企业经营资质进行管理、配额分配、进出口审批以及进出口数据的汇总审核，都需要各管理部门间的协作和协调。当前正通过相关的能力建设项目研究建立HFCs进出口管控下的部门联动机制，不断探索部门间的合作方式。

4. 加强国际合作与交流

加强与有关国际组织如联合国环境署各区域办公室的合作，并积极参与区域网络会议，获取区域内各国的HFCs进出口贸易管控信息，与其他缔约方共同研讨有关议题，提出建设性意见；加强与重点贸易国别的合作，在实现我国履约控制目标的同时，配合和支持其他发展中国家履约，共同做好HFCs进出口管理。

5. 加强对国内HFCs进出口企业的宣传教育和培训

加强对HFCs进出口企业的宣传教育和培训，加强对有关履约政策的宣贯，提高其进出口业务水平。在年度企业培训会议上加强重点业务讲解，包括HFCs进出口管理贸易管制与许可证管理要务、海关管理要务、HFCs进出口申请要务及审批关键项解读、HFCs进出口管理无纸化系统使用培训等。此外，还要听取企业关于加强HFCs进出口管理的意见和建议。通过培训和日常的企业管理促进企业自律，规范经营行为。

四、HFCs管控的发展建议

1.HFCs产业向新品种及特殊用途转型升级

HFCs产业应逐步提高低GWP值安全型新产品的比重。此外，应逐步开拓HFCs特殊用途市场空间。例如，2016年国内医用气雾剂的生产量约在千吨级，预计2025年我国医用气雾剂的总需求量约为6000t。浙江省化工研究院有限公司已中标承担世界银行"药用非吸入气雾剂CFCs淘汰计划"，与国家药检所开展医用气雾剂HFC-134a、HFC-227ea、HC-600a三项药用辅料国家标准的制定。

2.适度扩大HFCs产品作为生产原料的用途

某些HFCs类物质可以转化为附加值高、环境友好的含氟烯烃、含氟聚合物和碘氟烃等，如TFE（四氟乙烯）、HFP（六氟丙烯）、VDF（偏氟乙烯）、CF_3I（三氟碘甲烷）等，因此可以适度扩大HFCs产品作为生产原料的用途。例如，HFC-152a产品除可用作制冷剂（冰箱、空调等）、气雾剂（日化、化妆品、医药等）、发泡剂（聚氨酯硬泡）和清洗剂（电子产品及精密机械等）外，还可作为氟树脂PVDF（聚偏氟乙烯）装置配套原料。

3.实施HFCs生产销售管控战略

我国将于2024年对HFCs生产和消费实施冻结与逐步削减。建议政府部门参照环境保护部《关于加强含氢氯氟烃生产、销售和使用管理的通知》（环函〔2013〕179号），适时发布HFCs的生产、销售和使用管理办法，用于原料用途的HFCs生产装置以及使用HFCs作为原料的新建项目均须得到生态环境部的核准。

4.建立完整的HFCs替代品标准体系

建议由生态环境部牵头协调工信部、科技部和国家知识产权局制定严格的知识产权保护体系。建立完整的HFCs替代品标准体系，包括国家标准、行业标准，并在国家标准和行业标准的基础上完善替代品的应用标准。推动研究新的无毒、无害、低GWP且经济有效的替代品和替代技术，促进替代品和替代技术国产化，降低替代品和替代技术成本。

5. 对HFCs削减实行总量控制，灵活掌握不同HFCs产品削减进度

由于HFCs在削减的同时还需发挥HCFCs替代品作用，为HCFCs的顺利削减创造条件。因此，在对HFCs生产和消费进行削减时，应对HFCs削减实行总量控制，即满足HFCs总量实现削减目标的前提下，根据不同消费领域HFCs替代品的发展情况对相关HFCs产品进行差异化削减。如在汽车空调领域，当HFO-1234yf专利障碍较大时，可优先在房间空调领域加大R290、HFC-32和其他低GWP值替代品对R410A的替代力度，那就需要对HFC-134a实行暂缓削减。

参考文献

[1] 郭久亦，于冰. 氢氟碳化物（HFCs）和氟化物——对全球变暖不利的温室效应制冷剂 [J]. 世界环境，2016(6): 58-59.

[2] 赵立群. HFCs（氢氟烃）产业发展研究与展望 [J]. 化学工业，2018, 36(1): 16-25.

[3] 郑冬芳，吴克安，钱跃言，等.《蒙特利尔议定书》HFCs修正提案浅析 [J]. 浙江化工，2016, 47(1): 1-5.

[4] 赵立群，李宁. 含氟ODS替代品的生产及发展趋势 [J]. 化学工业，2015, 33(1): 19-24.

[5] 王大枋. 国内外ODS替代品的现状和发展 [J]. 化工生产与技术，2006(4): 1-3.

[6] 孙更生. 清洗剂替代品HCFC及HFC [J]. 浙江化工，2001(4): 30-31.

[7] 高凌云，郭晓林，景玲玲. 清洗行业含氢氯氟烃替代技术的发展趋势 [J]. 浙江化工，2016, 47(7): 1-4.

[8] 王井，代小刚，徐同宽，等. 氟系清洗剂的现状与展望 [J]. 清洗世界，2006(7): 27-30.

[9] 章文. 氢氟烃发泡剂和制冷剂新材料产业市场发展现状（一）[J]. 上海化工，2005(12): 51-52.

[10] 章文. 氢氟烃发泡剂和制冷剂新材料产业市场发展现状（二）[J]. 上海化工，2006(1): 48-52.

[11] 章文. 氢氟烃发泡剂和制冷剂新材料产业市场发展现状（三）[J]. 上海化工，2006(2): 45-46.

[12] 刘益军，李建新. 氢氟烃——聚氨酯硬泡的"第三代"发泡剂 [J]. 化工新型材料，1998(12): 35-36.

[13] 朱永飞，朱明. 聚氨酯泡沫塑料发泡剂研究现状及发展趋势 [J]. 应用化工，2005(3): 133-136.

[14] 刘静，孙军红，孙金城，等. 氢氟烃类多组分清洁灭火剂研究 [J]. 中国人口 · 资源与环境，2012, 22(S1): 98-101.

[15] 黄勇. 六氟丙烷灭火系统的应用 [J]. 消防技术与产品信息，2006(11): 24-26.

[16] 郝志军，亢建平，杜咏梅，等. 氟系清洗剂的研究进展 [J]. 化学世界，2014, 55(9): 564-568.

[17] 张媛，希恩 · 阿普尔顿. 清洁剂在全淹没式灭火中的应用 [J]. 消防技术与产品信息，2014(1): 70-73.

[18] 延凤英，翟光杰. 二氟甲烷生产工艺介绍 [J]. 盐科学与化工，2018, 47(7): 23-25.

[19] 李丕永，王瑞英，王永千，等. 1,1,2,2-四氟乙烷的制备和应用 [J]. 化工设计通讯，2021, 47(11): 84-85.

[20] 丁芹，李明月，陈科峰，等. HCFC-142b/HFC-143a应用及合成方法 [J]. 有机氟工业，2010(4): 24-29.

[21] 张国利，杨会娥，张文庆，等. HFC-245fa合成工艺进展 [J]. 有机氟工业，2009(3): 23-27.

[22] 吴云竹，洪江永，俞潭洋. HFC-32制备技术研究进展 [J]. 有机氟工业，2007(2): 3-5.

[23] 应韵进. 五氟乙烷（HFC-125）工业化生产工艺比较 [J]. 有机氟工业，2011(1): 29-30.

[24] 刘延兰，郑美光. 液相一步法生产二氟甲烷（HFC-32）工艺探讨 [J]. 有机氟工业，2007(4): 17-20.

[25] 张伟，吕剑. 第三代发泡剂HFC-245fa [J]. 化工新型材料，2004(8): 17-19.

[26] 陈颖，钱慧娟，李金莲，等. 非ODS有机溶剂清洗剂的研究现状与展望 [J]. 化学试剂，2006(7): 397-402.

[27] 安磊. 我国将加强氢氟碳化物管控 [J]. 生态经济，2021, 37(7): 9-12.

[28] 王倩. 中国加入《基加利修正案》后的氢氟碳化物（HFCs）进出口管控措施初探 [J]. 环境与可持续发展，2021, 46(3): 169-172.

［29］姜含宇，张兆阳，别鹏举，等. 发达国家HFCs管控政策法规及对中国的启示［J］. 气候变化研究进展，2017, 13(2): 165-171.

［30］刘侃，崔永丽，郑文茹. 中国三氟甲烷处置运行补贴政策效果评估［J］. 气候变化研究进展，2020, 16(1): 99-104.

［31］刘侃，郑文茹，李奕杰. 中国三氟甲烷处置政策分析及建议［J］. 气候变化研究进展，2016, 12(3): 179-184.

［32］林慧，崔永丽，肖学智，等. 三氟甲烷减排可行性分析［J］. 中国人口·资源与环境，2014, 24(11): 13-15.

［33］胡建信，方雪坤，吴婧，等. 中国控制和管理氢氟碳化物的机遇与挑战［J］. 气候变化研究进展，2014, 10(2): 142-148.

［34］钟志锋，冯卉，周晓芳，等. 关于氢氟碳化物管理与控制趋势分析［J］. 环境与可持续发展，2015, 40(6): 121-123.

［35］王倩. 欧盟含氟温室气体管控政策及对我国相关进出口管理的启示［J］. 化工环保，2020, 40(6): 650-656.

［36］韩佳蕊，姜含宇，张兆阳，等. 中国氢氟碳化物削减政策框架研究——基于现有控制臭氧消耗物质体系及发达国家经验［J］. 环境保护，2016, 44(5): 69-71.

［37］张兆阳，方雪坤，别鹏举，等. 中国控制HFCs排放对减缓气候变化的贡献分析［J］. 环境保护，2017, 45(7): 65-67.